ÉTAT DE LA QUESTION

PHYLLOXERA

MOYENS DE PROLONGER LES VIGNES ATTEINTES

LA SUBMERSION — RÉGÉNÉRATION PAR LES SEMIS

LES CÉPAGES AMÉRICAINS

L'ASPHYXIE SOUTERRAINE : APPLICATIONS PRATIQUES

ENFOUISSEMENT DE BOIS INJECTÉS AU SULFURE DE CARBONE

CONSÉQUENCES AGRICOLES ET COMMERCIALES

DE LA DESTRUCTION DU PHYLLOXERA

Par F. ROHART

MANUFACTURIER-CHIMISTE

C'est la diversité des conditions
qui sera la bonne solution

Ouvrage orné de 16 gravures

PARIS

LIBRAIRIE AGRICOLE DE LA MAISON RUSTIQUE

26, RUE JACOB, 26

ÉTAT DE LA QUESTION

PHYLLOXERA

2601.75. — Boulogne (Seine). — Imprimerie Jules Boyer.

Administration : 11, rue Nve-St-Augustin, à Paris.

ÉTAT DE LA QUESTION

PHYLLOXERA

MOYENS DE PROLONGER LES VIGNES ATTEINTES

La submersion — Régénération par les semis
Les cépages américains
L'asphyxie souterraine : applications pratiques
Enfouissement des bois injectés
au sulfure de carbone

CONSÉQUENCES AGRICOLES ET COMMERCIALES
DE LA DESTRUCTION DU PHYLLOXERA

Par F. ROHART

MANUFACTURIER-CHIMISTE

> C'est la diversité des solutions
> qui sera la meilleure solution.

Ouvrage orné de 16 gravures

PARIS

LIBRAIRIE AGRICOLE DE LA MAISON RUSTIQUE

26, RUE JACOB, 26

—

1875

A Monsieur DE LAÂGE DE SALUCES,

Propriétaire-viticulteur, à Mongaugé-Chérac,

(Charente-Inférieure.)

Permettez-moi, Monsieur, de vous offrir publiquement l'hommage de ce modeste petit livre.

Cela vous est dû et, en agissant ainsi, je ne suis que sincère et juste.

Ma conviction bien ferme est que la viticulture, et, probablement aussi, l'agriculture vous devront un jour de la reconnaissance, car il aura été fait œuvre utile, chez vous, contre l'immense famille des infiniment petits qui cause tant de ravages en anéantissant, chaque année, tant de labeurs humains.

Accueillir avec bonté, comme vous l'avez fait, les premières tentatives d'un inventeur est chose peu commune, hélas ! même quand le pays, justement effrayé, crie partout au secours. Mais vous verrez que bientôt nous pourrons dire : LABOR IMPROBUS OMNIA VINCIT.

F. ROHART.

Octobre 1875.

RAISON D'ÊTRE DE CE TRAVAIL

Nous avons souvent entendu exprimer, par des viticulteurs du Bordelais et des Charentes, le regret de ne pas trouver réuni, dans un volume aussi concis que possible, tout ce qui a rapport à la question du phylloxéra, au point de vue des expériences faites, des résultats acquis et des espérances qu'il est permis de concevoir pour l'avenir.

Chacun objectait, avec raison, qu'il faudrait avoir à sa disposition tous les journaux spéciaux, ainsi que toutes les brochures qui surgissent chaque jour et dont on ignore souvent l'existence.

C'est donc dans l'espérance de répondre à ces désirs que nous nous sommes attaché à condenser dans cette modeste publication tout ce qui touche à la question, aux différents points de vue qui nous ont été signalés.

F. P.

ÉTAT DE LA QUESTION

PHYLLOXERA

CHAPITRE PREMIER

COUP D'ŒIL GÉNÉRAL SUR LE SUJET

> On est indigne de toucher à des questions
> d'intérêt public quand on ne porte pas en
> soi le culte fervent de la justice et de la
> vérité.   F. R.

I

Si la question phylloxera n'est pas complètement résolue, elle est certainement en bonne voie.
Les faits connus jusqu'ici autorisent à croire qu'elle
ne tardera pas à aboutir. Nous ne voulons mettre
en lumière que des résultats certains, prouvant
qu'il y a lieu d'espérer beaucoup, mais n'oublions
pas qu'au point de vue de l'avenir, l'agriculture a
peut-être là plus d'intérêts que la viticulture elle-
même. Nous allons voir.

Il faut souhaiter, dans l'intérêt général, plusieurs solutions, car un seul moyen contre le phylloxéra deviendrait bientôt impraticable. Où trouver des quantités de produits suffisants pour traiter à bref délai de 200 à 250,000 hectares ?...

Nous verrons dans quelques instants à quels chiffres véritablement effrayants on arrive de ce côté, et combien il serait regrettable de n'avoir qu'une ressource à sa disposition.

D'ailleurs aussi, il est nécessaire de songer que la hausse se ferait fatalement sur la denrée reconnue bonne, comme cela est arrivé déjà avec le soufre employé pour combattre l'oïdium, mais plus particulièrement avec le sulfure de carbone, lors des premiers emplois de ce produit contre le phylloxera.

Les demandes devenant très-abondantes dans un temps très-court, on aurait nécessairement à craindre que le prix de la marchandise ne devînt rapidement hors de proportion avec son utilité, et ne rendît bientôt l'application impossible, économiquement parlant.

Ce côté de la question ne doit donc pas être oublié. La vraie sagesse consiste à prévoir, à penser à demain, et à se prémunir contre des conséquences qui sont fatales, lorsqu'elles sont dans la force des choses.

On a beau faire, il faut toujours compter avec les conséquences commerciales d'un fait important qui se produit d'une manière un peu brusque.

Quatre moyens sont ici en présence et il faut désirer qu'ils réussissent tous : la submersion, la régénération par les semis, les cépages américains, l'asphyxie souterraine. Nous les examinerons successivement, en mentionnant, avec la plus entière indépendance, ce que l'on sait sur chacun de ces points.

II

MM. P. Princeteau et J. Ramat, viticulteurs dans la Gironde, ont voulu *voir* par eux-mêmes quels avaient été les résultats obtenus, jusqu'ici, à l'aide des moyens que nous venons d'indiquer, et dans une brochure concise et pleine de sens pratique, où l'on sent le caractère positif et l'esprit d'observation (1), ces messieurs rendent compte, très-succinctement, de ce qu'ils ont constaté de bon. Nous leur ferons quelques emprunts, afin d'accentuer davantage tout ce qui intéresse vraiment la question :

« Nous ne pouvons, disent les auteurs, offrir au public que de simples notes de voyages, presque informes, mais par lesquelles il verra, nous l'espérons, que quelle que soit la violence du fléau, il ne faut point perdre courage.

« Si partout où les propriétaires ont accepté le mal sans chercher à lutter contre lui, les vignobles été presque constamment détruits, il est consolant ont de reconnaître que partout où ils ont lutté, partout il y a eu, sinon rétablissement des pieds phylloxérés, du moins prolongation de la vie.

« Les recherches qui ont été faites dans le Midi

(1) *Notes de Voyages. Le Phylloxéra* (1 fr.). Feret et fils, cours de l'Intendance, 15, à Bordeaux.

ont amené bien des solutions à notre profit. Elles fournissent des éléments sérieux au travail intellectuel auquel nous assistons et qui, chaque jour, se manifeste par des propositions nouvelles, quelquefois des espérances, toujours des lumières acquises.

« Nous devons donc penser, quel que soit la lenteur de notre marche, que nous avançons vers la vérité.

« Ce qu'on a trouvé jusqu'à ce jour n'est point le remède infaillible, universel ; mais dans tout ce qu'on a trouvé il y a une conquête.

« Il faut donc chercher sans cesse, essayer beaucoup, et surtout ne jamais décourager, par une condamnation précipitée, ou un silencieux dédain, ceux qui cherchent.

« Car c'est à l'un d'eux que l'on devra la destruction du mal qui nous étreint. »

Nous sommes animé des mêmes idées et des mêmes sentiments que MM. Princeteau et Ramat, ainsi que nous l'avons prouvé déjà devant la Société d'Agriculture de la Gironde, à Cognac et à Royan, dans les conférences que nous avons faites sur le sujet qui nous occupe, et c'est en nous inspirant seulement de ce qui nous paraît juste, vrai et utile que nous poursuivons.

CHAPITRE II

Ici la parole est aux faits (que chacun peut contrôler d'ailleurs) ainsi qu'aux résultats pratiques consacrés par une expérience de plusieurs années.

Voici ce qui a été constaté, *de visu*, par MM. Princeteau et Ramat, chez M. Gaston Bazille, au vignoble de Pérolles, divisé en deux parties :

Le vignoble de côtes avec sous-sol de grès, et le vignoble de palus, ou terres d'alluvions de diverses profondeurs.

L'examen attentif de ce vignoble a fourni les résultats suivants :

Une vigne de deux hectares environ fut attaquée en 1872. On y remarqua trois foyers. Dès l'attaque, c'est-à-dire il y a trois ans, M. Bazille fit badigeonner chaque souche jusqu'à dix centimètres dans la terre, avec de l'urine de vache additionnée d'un sixième d'huile lourde, ou d'un dixième d'acide phénique brut du commerce.

Cette opération se fit dans l'hiver, avant toute montée de sève. Un litre de ces mélanges a suffi pour opérer dix pieds de vigne. Ce traitement a été suivi pendant trois ans.

Le printemps suivant, ces vignes ont été fumées avec du fumier de ferme, et l'année d'après on a employé un mélange de suie et de sulfure de chaux ou de potasse, à la dose d'environ un kilogramme par pied.

Cette vigne ainsi traitée est aujourd'hui (août 1875) en pleine production, et fort belle. Les foyers ne se sont pas agrandis, tandis qu'au contraire la vigne du propriétaire voisin, attaquée à la même époque, est entièrement perdue.

Dans la même propriété, et dans les mêmes conditions de voisinage, une autre vigne traitée par trois ans de fumure et deux ans seulement de badigeonnage, a été maintenue en bonne apparence.

M. Bazille a aussi fait répandre, à l'aide d'un entonnoir, sur les plantains, un léger filet d'huile lourde (de la distillation des goudrons de gaz), dont les émanations sont de nature à éloigner le phylloxéra.

Ces diverses opérations ont été faites dans des terrains qu'il est impossible de submerger.

Voilà des faits certains, des résultats incontestables, acquis assez chèrement, sans doute, mais ils ont une valeur réelle, car ils prouvent qu'en attendant de bonnes et complètes solutions touchant la destruction de l'insecte, par des moyens pratiques et économiques, on peut prolonger les vignes envahies, et assurer, pendant plusieurs années, l'existence d'un vignoble. C'est déjà beaucoup d'avoir les premiers secours en attendant l'arrivée du médecin.

Peut-être objectera-t-on les difficultés ?

Si l'on ne comptait qu'avec les difficultés, on ne ferait jamais rien.

Mais examinons.

M. Bazille, qui sait bien compter, n'aurait certainement pas pratiqué ce traitement pendant trois ans, s'il n'y avait pas trouvé son compte. Donc il n'y a pas de doute quant à l'économie des résultats, et c'est le point capital.

Voyons les autres objections probables.

Tout le monde n'a pas de l'urine de vache à discrétion ! Cela n'est pas sérieux. Il ne faut pas voir un absolu dans la pratique de M. Bazille, mais bien un fait général qui n'exclut, en aucune façon, les urines des bestiaux de l'espèce bovine, pas plus que l'urine de cheval, que le purin de la ferme, et même, oserons-nous ajouter, pas plus que les eaux vannes de la vidange ou l'urine humaine. Telle est du moins notre conviction bien réfléchie, et les hommes de l'agriculture qui nous connaissent un peu ne nous contesteront pas une certaine compétence. La preuve, d'ailleurs, que la formule de M. Bazille n'est pas un absolu, c'est qu'il supplée à l'acide phénique par les huiles lourdes, *et vice versa*.

Sans doute, les viticulteurs qui pourront user de l'urine de vache, selon les indications de M. Bazille, feront sagement de s'y conformer, mais, encore une fois, il n'y a là qu'une donnée générale, purement empyrique, et le fait scientifique qui s'en dégage d'une façon certaine, c'est que ce résultat ne saurait être absolument particulier à l'urine de vache, dont la composition ne diffère pas sensiblement de celle des autres animaux de l'espèce bovine, et dont la décomposition, au contact des sols arables, donne les mêmes résultats.

Donc aucune difficulté de ce côté, car il y a des urines partout, partout on les perd, et par conséquent on peut les recueillir à bas prix. Il suffit de vouloir.

Nous ne voyons qu'une lacune dans les données fournies par M. Bazille. L'urine est-elle employée fraîche ou fermentée ? La première hypothèse nous semble improbable, à raison de la facilité avec laquelle les urines entrent généralement en fermentation. N'oublions pas, d'ailleurs, que des expériences très-bien faites ont établi l'innocuité des urines fermentées sur les plantes, tandis qu'il n'en n'est pas toujours de même avec les urines fraîches.

Pour tout le reste, rien n'est plus simple, les huiles lourdes de la distillation des goudrons et l'acide phénique brut se trouvent partout dans le commerce. Les premiers valent, généralement, de 6 à 10 les 100 kilos, selon les stocks, et le second de 80 à 100 fr. les 100 kilos. Quant aux sulfures de calcium et de potassium, ils sont annoncés dans tous les journaux viticoles ; par conséquent chacun peut être renseigné exactement, et chiffrer ainsi, à l'avance, le prix de revient par cep en suivant les indications de M. Bazille.

Il y a donc là toutes les données nécessaires pour réaliser cette application, mais nous ajouterons encore qu'il n'y a pas plus d'absolu à l'égard des huiles lourdes et de l'acide phénique, qu'en ce qui concerne l'urine de vache, et que si nous faisions de la viticulture nous n'hésiterions pas à remplacer l'acide phénique par un phénate alcalin, et les huiles lourdes par les huiles légères, attendu que ces dernières, plus volatiles, se diffusent mieux dans le sol, et qu'à dépense égale elles donneraient probablement de meilleurs résultats.

A l'égard de l'acide phénique, qui coûte assez cher, les goudrons de schiste et de pétrole, qui tuent parfaitement l'insecte, et dont le prix est infiniment moins élevé, devraient produire les mêmes effets. Nous n'hésiterions pas néanmoins, à remplacer ces produits par un phénate ; ceux-ci tuent plus sûrement encore, ainsi que nous l'avons vérifié. De même, nous ne pratiquerions pas l'opération l'hiver, mais bien au printemps seulement, afin de prolonger l'action de durée des produits jusqu'à l'époque des temps chauds, c'est-à-dire le plus tard possible. Nous allons bientôt voir pourquoi.

En entrant dans ces détails nous n'avons qu'un but : Faire un peu de lumière et un peu de bien, aider, autant que possible, à l'application d'un moyen qui a donné des résultats incontestables, et qui peut, par conséquent, rendre de réels services. Nous offrons, d'ailleurs, de seconder les viticulteurs qui voudront entrer dans cette voie.

A défaut de suie, qu'on ne trouve pas partout, on pourrait y suppléer sûrement par des mélanges de goudrons de bois et d'acide pyroligneux, employés en arrosage à la surface du sol, ou enfouis autour du cep après les avoir fait absorber par de la tannée, ou du terreau, ou de la sciure de bois, ou des charrées sèches, ou, mieux encore, par des radicelles de brasserie dont le pouvoir absorbant est considérable, et qui constituent en même temps un excellent engrais azoté.

En un mot tout cela est possible pratiquement et économiquement, et il n'y a qu'à vouloir.

Les résultats obtenus par M. G. Bazille sont un enseignement pour toute la viticulture, à laquelle il a ainsi rendu un signalé service. C'est ainsi qu'on est utile à tous, tout en servant ses véritables intérêts.

De son côté, M. H. Marès a signalé un vignoble

de 20 hectares, appartenant à M. Peyre, près Tarascon, dans lequel la vigne a pu se soutenir, malgré la
présence de l'insecte, en fumant copieusement.

Comme confirmation de ces faits, nous trouvons
dans le *Bulletin de la Société Vaudoise*, tom. XIII,
n° 74, la constatation des résultats suivants, relatifs
aux vignes phylloxérées de la Suisse : « Le fait que
les vignes ont porté du fruit et n'ont pas souffert
s'explique par la fumure abondante et opulente, qui,
ainsi que l'a constaté le congrès de Montpellier, peut
corriger par son influence les lésions du puceron.
*L'action des engrais suffisamment riches, peut dé-
passer l'action du phylloxéra.* » (???)

Nous n'acceptons aucune responsabilité person-
nelle, au sujet de cette dernière assertion. Nous
enregistrons simplement les faits qui peuvent in-
téresser la question, et parce qu'ils s'y rattachent
très-directement.

M. Audoynard, professeur à l'École d'agriculture
de Montpellier, conclut sur ce point dans les termes
que voici : « Il résulte des expériences faites pendant trois années consécutives au Mas de Las-
Sorres, qu'une vigne phylloxérée peut reprendre
sa vigueur et donner de bonnes récoltes, si, par le
sol ou par les engrais, elle reçoit de fortes fumures,
riches en matières azotées, en potasse et en acide
phosphorique. » Cette dernière conclusion est moins
absolue, et nous la tenons pour vraie.

Sans doute, ce ne sont là que des palliatifs, mais
ils ont une valeur positive, puisque les résultats
sont certains et que cela permet d'attendre et d'assurer les récoltes. Voyons maintenant les différents moyens de solution.

CHAPITRE III

LA SUBMERSION

Bien des viticulteurs ne prennent aucun intérêt à la submersion des vignes, parce qu'elle ne s'applique pas du tout à leur situation particulière. Cette indifférence est regrettable pour tous les intéressés indistinctement. Les faits connus aujourd'hui, touchant la submersion, montrent clairement des solutions possibles du côté de l'asphyxie souterraine qui s'appliquera certainement à la plus grande majorité des cas. Et puis enfin une question qui touche à des intérêts si considérables doit être vue sous chacune de ses faces si l'on veut s'en faire une idée nette et précise, au lieu d'être condamné à s'en rapporter à des on-dit sans valeur.

En ce qui touche la pratique de la submersion, nous ne pouvons que renvoyer à la brochure de MM. Princeteau et Ramat, et surtout aux travaux spéciaux de M. Faucon, car nous n'avons à consigner ici que des résultats bien constatés, et qui prouvent. Mais il y a dans les faits mentionnés par ces Messieurs des enseignements et des conclusions sur lesquels il est utile de fixer l'attention des intéressés, parce que la lumière qui se dégage de ces enseignements éclaire beaucoup certains points de la question, et que c'est là le seul moyen de faire avancer cette dernière vers ses solutions définitives.

Les essais de submersion de M. Bazille et de de M. Armand sont des plus encourageants; ils ont donné de bons premiers résultats, mais rien n'est encore définitif chez ces Messieurs, malgré des succès bien certains.

Quant à M. Faucon, auquel on doit l'idée de la submersion, et qui a eu le rare bonheur de pouvoir la mettre facilement en pratique sur son domaine, c'est tout différent. Il ne reste plus de doute, puisque l'expérience de plusieurs années a prononcé souverainement, mais nous laissons parler MM. Princeteau et Ramat, qui sont d'habiles viticulteurs et qui ont vu.

« Après avoir visité ce magnifique vignoble, on ne sait ce qu'il faut le plus admirer, ou de l'importante découverte de son auteur, ou de la persistante énergie avec laquelle il a lutté, pendant cinq ans, contre le phylloxéra et contre les nombreux détracteurs que ses succès croissants faisaient surgir de tous côtés. » Hélas ! c'est la vieille et douloureuse histoire de toutes les créations utiles auxquelles ce siècle doit cependant sa plus grande prospérité et ses plus beaux succès.......

« En dehors des résultats obtenus et constatés avant la publication de sa brochure sur la submersion, M. Faucon nous a montré un exemple capital des effets de son système sur une vigne jugée complétement perdue. Cette vigne, située dans la partie la plus rapprochée du canal d'irrigation, avait été tellement condamnée, que M. Faucon crut pouvoir négliger pour elle les bourrelets dont il entourait les autres quartiers déjà atteints par le fléau. Cela se passait en 1869.

« Ce n'est qu'en 1872 que la submersion commence pour cette vigne dans des conditions semblables à celles des autres parties du vignoble.

« *Pendant deux ans elle ne donne pas signe de vie.* En 1874 seulement, quelques rejets, soit du vieux bois, soit d'un côt (sur trois), dont les canaux séveux ne s'étaient pas complétement oblitérés, viennent annoncer un retour à la vie.

« *La pousse de 1875, dont nous avons constaté la vigueur et la production, ne laisse rien à désirer.* »

Cette résurrection, après une période de paralysie de cinq ans, est l'un des exemples les plus étonnants de la rusticité de la vigne, et, par conséquent, elle donne raison aux pratiques de M. Gaston Bazille, au point de vue de l'alimentation de la plante, pendant une très-longue période de temps, malgré la présence de l'envahisseur. C'est là un bon enseignement, et il faut s'empresser de l'enregistrer.

Mais poursuivons, car nous allons trouver le sujet de nouvelles et utiles observations.

« M. Faucon est arrivé, par ses exemples, à faire mentir le proverbe : Nul n'est prophète en son pays. Nous ne craignons pas de le dire, *nulle part, dans le grand vignoble traversé et visité par nous, nous n'avons vu une vigueur végétative aussi considérable, ni une production plus abondante.*

« Les vignes des propriétaires voisins, submergées suivant les indications de M. Faucon, mais depuis moins longtemps, sans avoir la vigueur des siennes, sont déjà dans un fort bel état, notamment chez M. Alloué et chez M. Anès.

« M. Carrière, boucher au hameau de Saint-Gabriel, près Tarascon, a submergé, en 1872, une vigne de quatre hectares, très-atteinte. Nous avons pu admirer la pousse resplendissante et la production de ce petit vignoble. »

Il eût été très-intéressant de savoir si, dans ce dernier exemple, M. Carrière n'a pas fait un large emploi, au profit de ses vignes, des issus et déchets de son étal. Ce renseignement aurait été utile à tout le monde, mais il y a les plus sérieuses probabilités que les choses se sont passées ainsi, car c'est ce que feraient tous les intéressés, s'ils étaient dans le même cas. On sait, en effet, que les fumiers enrichis de cette façon, acquièrent de grandes qualités. C'est là, d'ailleurs, l'un des secrets de l'agriculture si productive de nos départements du nord.

« Toute replantation faite dans les terrains phylloxérés est splendide jusqu'à la troisième pousse ; à partir de ce moment-là, si elle n'a pas été submergée, cette jeune vigne commence à décliner, et à cinq ans elle est morte. — *Telle est la loi générale constatée par l'expérience.*

« Aujourd'hui, les difficultés d'application disparaissent de plus en plus, aux yeux des intéressés, devant *les résultats de la submersion devenus indiscutables.* »

« Il importe de noter ici que pour pouvoir apprécier les résultats de la submersion, il faut plus de temps qu'on ne paraît généralement le supposer. La submersion n'a d'autre effet que de débarrasser les racines de la vigne de l'insecte qui les dévore ; elle n'a pas la puissance de rendre immédiatement au pied la végétation dont il est privé.

« De plus, *il est reconnu que chaque année*, VERS LE MOIS DE JUILLET, *les pieds qu'une submersion faite au mois d'octobre précédent a débarrassés du phylloxéra sont envahis de nouveau.* »

Quelques mots sont ici nécessaires pour donner l'explication de ce dernier fait, qui semble peu compréhensible au premier abord.

Il n'est pas douteux que la submersion est le moyen de diffusion le plus complet pour un sol arable, en raison de la pesanteur spécifique de l'eau et de la porosité de la terre. On comprend, en effet, que dans une submersion bien pratiquée, c'est-à-dire à l'aide de bourrelets qui forment digues, et qui permettent d'inonder le sol à quelques centimètres au-dessus de son niveau moyen, l'eau pénétre partout. Mais en y réfléchissant un instant, on conçoit très-bien qu'à différents endroits de la couche arable il doit exister de petites cavités naturelles, produite par la nature même des matériaux du sol, comme des cailloux creux, par exemple, dont la partie concave est tournée vers le sous-sol, et qui forme, par conséquent, une sorte de cloche à plongeur. Si l'ennemi est là, ou s'il a le temps de s'y réfugier, il est sauvé, car il est à l'abri et n'a qu'à attendre la fin du déluge. Si c'est une mère pondeuse, sa génération maudite a la vie sauve. Il y a bien des cailloux dans un hectare de terre, et il ne faut pas grand abri pour un insecte qui n'a, généralement, qu'un tiers de millimètre de longueur.

Indépendamment du caillou creux, qui nous a servi pour nous faire comprendre, bien d'autres causes, que l'esprit saisit nettement, comme certaines crevasses ou différentes cavités des racines, doivent, sans aucun doute, former des abris souterrains pour un aussi petit insecte, et dès lors on voit clairement que, malgré la diffusion certaine de l'eau dans toute la hauteur de la couche arable, il y a nécessairement, fatalement, des phylloxéras ou des œufs qui échappent à l'action de la noyade et que l'on retrouve alors en juillet, c'est-à-dire à l'époque des migrations, des éclosions et de la pullulation.

Est-ce donc à dire, pour cela, que les résultats de l'immersion soient nuls? Non, car la submersion a réussi, malgré ses détracteurs, comme malgré les inconvénients que nous venons de signaler, et contre lesquels, d'ailleurs, la prévoyance humaine est impuissante, puisqu'ils sont dans la force des choses. Donc, finalement, l'action encore incomplète de la première submersion ne diminue en rien la valeur pratique et économique de l'idée, ni de ce résultat général *qui est tout* : la vigne sauvée, et la récolte assurée. Il ne saurait y avoir de meilleure conclusion.

Suivons toujours.

« L'insecte sera détruit par la submersion du mois d'octobre suivant, et dans le temps qui s'écoulera jusqu'à cette époque, les racines ne pourront souffrir sérieusement de ses attaques. »

C'est exactement ce qui vient de se passer dans nos expériences de Mongaugé, et nous sommes heureux d'en trouver la confirmation dans des faits observés par des praticiens aussi éclairés que MM. Faucon, G. Bazille, Princeteau et Ramat. En effet, l'insecte était abondant, à l'origine, dans le champ d'expériences, ainsi que cela a été constaté régulièrement par témoins qui l'ont affirmé. On opère à l'automne, la vigne renaît au printemps; sa végétation est des plus belles, et nous allons le constater plus loin, à l'aide d'épreuves photographiques; elle se manifeste quinze jours à l'avance sur tout le reste du vignoble. Jusque vers la première quinzaine de juin, on ne trouve plus un seul phylloxéra sur les ceps traités ; on reconnaît en même temps, sur le système radiculaire, beaucoup de chevelu nouveau ; la floraison se fait à merveille et la récolte est bientôt assurée dans des conditions normales. Mais vers le mois de juillet le phylloxéra apparaît sur quelques ceps (12 sur 64 qui ont été explorés).

Est-ce la même cause qui a amené là les mêmes effets, et précisément à la même époque, comme avec la submersion, ou bien sont-ce les ceps non traités qui ont communiqué un commencement d'invasion aux pieds opérés ? On ne saurait l'affirmer encore. Quoi qu'il en soit le fait de l'invasion *nouvelle* est certain ; mais voyons ce qu'il est permis d'en conclure d'après les pratiques de la submersion observées pendant une période de quatre à cinq ans, par des hommes d'une valeur incontestable. Ce sont là des données sûres.

« Il peut arriver qu'une vigne qui donne cette année une magnifique récolte, mais qui, à l'insu du propriétaire, est frappée de mort, offre l'année prochaine, après une submersion même très-bien faite, l'aspect d'une vigne près de mourir. C'est l'apparence qu'elle aurait présentée si elle n'avait pas été submergée, mais ce n'est pas même le cas d'accuser les fâcheuses conséquence de l'immersion, ni son inefficacité.

« La submersion ne pouvait faire passer la vigne de cet état de dépérissement à un état de prospérité immédiate, mais grâce à la destruction périodique du phylloxéra, par une submersion de chaque année, cette vigne reviendra, au bout de deux à trois ans, ce qu'elle était avant d'être attaquée. »

Chez M. de Brissac, au Mas de Juge, la submersion a donné, comme chez M. Faucon, des résultats très-satisfaisants, ainsi que chez M. Éd. Mistral. Toutefois, quelques insuccès ont été constatés, dit-on, chez M. Valz, au domaine de Saint-Laurent d'Aigouzé, et chez M. Castelnau, au Marot, *dans des terrains bas et marécageux*, dit M. Duponchel. Donc, il faut tenir compte des circonstances, souvent nombreuses, desquelles peut dépendre le succès d'une application très-bonne en elle-même. Il y aura toujours des cas exceptionnels, mais cela n'infirme pas, croyons-nous, les bienheureux effets de ce travail, lorsqu'ils sont sanctionnés par une pratique de plusieurs années (1).

La conclusion générale qui se dégage ici, au sujet de la submersion, est donc celle-ci : les résultats de cette opération sont maintenant incontestables, bien que la destruction de l'insecte ne soit pas immédiate et complète, dès la première année, dans le sens absolu du mot ; que pour produire tous ses effets utiles, la submersion doit être continuée plusieurs fois, selon la gravité du mal, et probablement aussi selon la nature des terrains, mais que, bien certainement, on sauve la vigne et on assure la récolte par ce moyen. Quant à la preuve chiffrée, la voici :

(1) Depuis le rapport de M. Duponchel, M. Castelnau s'est exprimé ainsi : « Le terrain dans lequel mes vignes sont plantées, « quoique bas, *n'est pas marécageux*... Sur des vignes sérieuse- « ment atteintes, la submersion agit lentement, et il faut plu- « sieurs années de traitement pour arriver à un résultat. M. Fau- « con, d'ailleurs, n'a pas dit autre chose... Au moment où je « faisais mes travaux, mes vignes avaient belle apparence, bien « qu'ayant du phylloxéra sur les racines, et elles m'ont donné « une bonne récolte. (*Journal de l'Agriculture*, 16 octobre, p. 88.)

Rendement du vignoble de M. Faucon, au Mas de Fabre :

En 1867, année avant l'invasion du phylloxéra.................... 925 hectol.

En 1868, 1re année de l'invasion, vignes fumées non submergées.. 40 »

En 1869, 2e année de l'invasion, vignes fumées non submergées... 35 »

En 1870, 1re année de la submersion, sans engrais............ 120 »

En 1871, 2e année de la submersion, sans engrais.............. 450 »

En 1872, 3e année de la submersion, avec engrais............ 849 »

En 1873, 4e année de la submersion, avec engrais............ 736 »

En 1875........................... 2.480 »

Une autre conclusion particulière se dégage également de ces faits, et elle a une grande importance au point de vue de tous les essais qui se poursuivent : une application d'asphyxie souterraine faite à l'automne, par exemple, ou l'hiver, comme aux époques de la submersion, donne, au printemps, des résultats satisfaisants *qui assurent la récolte,* comme la submersion ; l'ennemi fait invasion plus tard, par places, en juillet, comme après la submersion. Peut-on dire : C'est un résultat nul ou insignifiant ?...

Nous insistons spécialement sur ce point, parce qu'il faut prendre garde de faire des découragements anticipés, parce qu'un inventeur sans défense pourra, en cas semblable, être sacrifié ; il croira qu'il n'a pas réussi, et le voilà écarté. Cependant la submersion, qui n'a pas dit son dernier mot du premier coup, n'en a pas moins abouti à des résultats certains. Donc, livrer à des jugements incomplets ou inconsidérés l'appréciation de faits aussi importants, qui sont d'intérêt public, est assurément chose grave, car on expose ainsi la viticulture, et on peut dire la France entière, à être privées d'une bonne solution qu'elles attendent avec une impatience si légitime. C'est ce qui aurait pu arriver à M. Faucon, si les résultats encore incomplets de la première submersion l'avaient complétement découragé, mais il a su persévérer, et il faut lui en savoir gré, car il a fait faire un grand pas à la question. Il faut donc prendre garde aux pleurnicheurs qui ne savent pas voir, ainsi qu'à toutes les conclusions anticipées, et cela dans l'intérêt même des solutions attendues partout. Un inventeur écarté, découragé, c'est peut-être une solution perdue. En tous cas, souvenons-nous qu'une année de retard est une perte considérable, non-seulement pour bien des familles dont le patrimoine est en péril, mais encore pour le pays tout entier.

Tout cela donne donc à réfléchir, et justifie parfaitement le parti très-sage que viennent de prendre les viticulteurs de Libourne en se constituant en une sorte de syndicat « ayant pour but d'étudier « les méthodes de guérison des vignes atteintes de « la maladie dite phylloxéra, et de préservation « des vignes saines, dans ce que ces méthodes ont « surtout d'applicable aux vignobles du Libour- « nais. »

Cette association est approuvée par arrêté préfectoral.

Inspiré par les mêmes motifs, le conseil munici-
pal de Cognac a cru devoir prendre, le premier, les
mêmes mesures réfléchies. Il est bien à désirer,
dans l'intérêt patriotique de la question, aussi bien
que des plus humbles inventeurs, que ces utiles
associations se multiplient dans les contrées con-
taminées, et sauf à se retrouver, chaque année, à la
session de la Société des agriculteurs de France, afin
d'y rendre compte des résultats que chaque syndicat aura obtenus.

Il est bien juste que les intéressés aient voix déli-
bérative sur un sujet qui les touche si directement,
et qu'ils soient un peu juges de ce qui leur convient
ou de ce qui ne leur convient pas.

Nous sommes ici dans les réalités du sujet, car,
ne l'oublions pas, il y a des chercheurs découragés,
plus qu'on ne pense, et on a tout fait pour cela; il
faut les relever, il faut aller à eux et leur tendre la
main. Combien en est-il, auxquels il ne manque
que les moyens d'agir librement pour faire des
efforts utiles? «C'est à l'un d'eux, ont dit MM. Princeteau et Ramat, que l'on devra la destruction du
mal qui nous étreint.» Les individualités ne sont rien
ici, c'est le salut public qui est tout. Place donc
désormais à tous les hommes de bonne volonté que
le pays appelle à son secours, et qui ont l'honneur
de le servir en simples volontaires! Créer des dé-
pendances, des servitudes autour de l'invention,
c'est plus qu'une grande faute, c'est une grosse
maladresse, parce que c'est l'entraver dans sa
marche, c'est lui barrer le chemin, c'est lui fermer
gauchement la porte et se priver bénévolement de
son concours quand on a besoin d'elle. Pour bien
comprendre les nécessités de la vie il est nécessaire

de concevoir nettement les conditions qui sont indispensables à leur manifestation.

M. Ch. Monestier, de Montpellier, doit être signalé particulièrement. Il a, paraît-il, de légitimes espérances, par de nouveaux modes d'emploi du sulfure de carbone. Il en est de même, aussi, de M. Vicat et de beaucoup d'autres, pour d'autres produits. Tant mieux! Nous n'aurons jamais trop de moyens, comme nous l'avons dit en commençant, et sauf à le justifier dans un instant. Que la solution vienne d'où elle voudra, mais qu'elle vienne, sans exclusion réfléchie ou intéressée, sans parti pris, c'est-à-dire pour tout ce qui présentera aux différents syndicats locaux des chances de réussite, ou au moins quelques côtés sérieux.

MM. Saint-Pierre et Jeannel ont proposé, de leur coté, l'emploi des sulfo-cyanures. L'idée peut être bonne, et nous pensons qu'elle mérite les honneurs de l'expérimentation, car les composés du cyanogène sont extrêmement énergiques, comme nous le verrons bientôt, mais nous ne devons pas dissimuler, cependant, que la plupart des produits chimiques manquent de stabilité; ils n'ont pas une fixité suffisante pour résister aux actions décomposantes du sol, et nous ne répéterons jamais trop, après tous les faits qui sont maintenant à notre connaissance, que l'action de durée est une condition *sine qua non* de succès.

Le numéro des comptes rendus de l'Académie des Sciences, du 10 mai 1875, constate que M. Pillet indique aussi un moyen « qui lui a réussi » sur 8 à 9,000 ceps, en très-bon état à cette date. Si ces affirmations sont exactes, comme nous le pensons, et si elles n'ont pas été infirmées depuis, il faut en tenir

compte et expérimenter pratiquement. En un mot,
il ne faut pas que les commissions ferment la porte
pour empêcher la lumière de sortir, mais, au contraire, qu'elles l'ouvrent à deux battants pour l'invi-
ter à entrer, le bon sens et le patriotisme le veulent.
C'est un devoir, et c'est sur ce terrain qu'il faut se
placer désormais. Si des solutions doivent venir —
et elles viendront — nous les devrons à des hommes d'action déjà initiés aux choses du travail proprement dit, et à toutes les difficultés que comportent des applications pratiques. C'est là seulement
que l'on ne perd pas de vue ce point tout à fait
capital de l'objectif : l'économie des moyens et des
solutions.

On a mentionné également des expériences faites
à Hyères, avec le sulfure de carbone, par MM. Bar-
néoud et Dellord, mais sans préciser suffisamment.

M. Ladrey dit aussi qu'à Mancey le mal a été
attaqué avec vigueur, en juin dernier, « par une
méthode raisonnée, bien définie, et par l'application d'un procédé dont on peut espérer un résultat
favorable (1). »

Tout cela doit être essayé sur plusieurs points,
comme l'idée de la régénération des vignes par
les semis, sur laquelle nous allons revenir.

M. Baudrimont, professeur à Bordeaux, a préco-
nisé également une poudre anti-phylloxérique de

____

(1) Après renseignements pris spécialement par nous, auprès
du maire de Mancey, les résultats n'ont pas répondu aux espérances de M. Ladrey, ainsi qu'en témoignent les rapports de
MM. Mathey et de La Loyère, au nom du Conseil général de
Saône-et-Loire.

M. Crébessac, de laquelle il a dit le plus grand bien. Il est tout naturel que la lumière se fasse au sujet de ces diverses espérances, et que la vérité soit connue de tous, sans restriction.

Que les praticiens de la viticulture se chargent de voir, d'appliquer et de rendre compte, et ce sera beaucoup pour la sauvegarde des chercheurs qui peuvent se dévouer librement, et dont le nombre est, hélas! si restreint, bien qu'il s'agisse d'un intérêt national en péril. Il faut que la vérité se produise en toute liberté, en toute sincérité, et qu'elle ne puisse dépendre du bon plaisir de personne. C'est le moins que l'on puisse espérer. En résumé, les résultats bien constatés de la submersion sont, au point de vue général de la question, un fait considérable qui projette beaucoup de lumière sur des faits qui avaient besoin d'être éclairés, et, comme application particulière, il n'est plus douteux que le succès est certain. Donc, la solution du problème a fait, de ce côté, des progrès incontestables, dont les conséquences générales ne tarderont pas à se manifester.

Malheureusement, la submersion ne pourra être pratiquée que par un très-petit nombre de viticulteurs, en attendant la construction, encore en espérance, du canal de dérivation du Rhône, qui devra coûter près de 100 millions et cinq ans de travail, pour suffire seulement aux besoins de quelques départements, mais en permettant de pratiquer l'irrigation sur 50,000 hectares de terre, et la submersion sur 80,000 hectares de vignes.

CHAPITRE IV

RÉGÉNÉRATION DES VIGNES PAR LES SEMIS

Il n'y a guère là qu'une idée, mais on aurait grand tort de ne pas l'examiner attentivement.

Les meilleures et les plus utiles applications n'ont été, à l'origine, qu'une simple conception de l'esprit.

Le drainage, qui nous rend aujourd'hui de si grands services, n'est qu'une idée réalisée, et il en est de même pour *tout* ce qui a été mis en pratique, dans l'industrie et dans l'agriculture, pour la satisfaction des besoins de tous.

On doit certainement regretter que dès l'apparition du phylloxéra on n'ait pas tenté tout de suite quelques bonnes applications, ou au moins différents essais sérieux dans cette direction, car nous serions plus avancés à cette heure, et peut-être serait-on bien près d'être fixé sur la valeur de cette proposition, qui nous semble mériter les honneurs de l'examen. En cas d'insuccès, où était le risque ? Quel inconvénient y avait-il à essayer, à en appeler à l'expérience directe ? Encore une fois, cette abstention ne se comprend pas devant un péril aussi réel et aussi grand, car on avait en face de soi une espérance. Il faut prendre garde de passer à côté de la vérité sans l'apercevoir.

Mieux vaut agir que gémir ou dénigrer, mais

malheureusement nous vivons en un temps où l'on aime beaucoup les solutions immédiates, et les choses toutes faites, sans aucun effort personnel, et où il y a presque autant d'opinions que d'individus. Il fallait, croyons-nous, ne pas s'embarrasser des opinions particulières, aller droit au but, et charger l'expérience et les faits de répondre à tous en prononçant souverainement. Qui veut la fin veut les moyens.

Ces tiraillements d'opinions, qui se manifestent à propos des choses les plus simples, sont l'une des calamités de notre époque. On conclut, même dans les questions les plus sérieuses, avec une légèreté impardonnable, avant d'avoir bien examiné au fond, et souvent sans avoir la compétence ou l'expérience nécessaires pour bien comprendre et apprécier sainement. C'est ainsi que l'on retarde les meilleures solutions, et que, finalement, nous n'avançons pas comme nous devrions avancer.

Nous croyons qu'il n'existe aucun travail spécial sur la régénération des vignes par les semis. Peut-être la question n'est-elle pas encore assez avancée pour en former une sorte de doctrine, mais des aperçus d'une réelle valeur ont été déjà formulés par des hommes d'un mérite incontestable et par des viticulteurs très-éclairés, notamment par M. Joigneaux, dans le *Journal d'agriculture pratique* (1).

Dans un travail intitulé : *les Maladies de la vigne*, M. le docteur Turrel cite, au sujet des semis, des faits intéressants : « M. Auban-Moët, dont le nom

(1) *Journal d'agriculture pratique*, 1874. Tome II, pages 443, 211, 771, et 1875, t. III, page 470,

est si connu dans la viticulture champenoise, nous a dit que le plant primitif des vignobles de la Marne, le Pinot de Bourgogne, a été presque partout remplacé par une variété de semis, obtenue par un vigneron d'Aï, et connue sous le nom de *vert doré*, qui s'est montrée plus vigoureuse et plus productive que le plant originaire. »

« M. Ch. Simon, vice-président de la Société d'horticulture et d'acclimatation du Var, m'a signalé le fait suivant : sur la limite d'un vignoble de *Roussillon*, ravagé par le phylloxéra, se fait remarquer un cep provenant d'un pépin accidentellement semé (?) qui tranche par la végétation luxuriante de sa végétation sur l'aspect misérable des vignes cultivées. Oublié près du sentier où il avait spontanément germé, *il y a plus de quinze ans*, ce cep, lorsque le vignoble fut attaqué, attira l'attention du propriétaire qui essaya de le cultiver, le soumit à la taille, et crut ainsi le pousser à fruit. Peines perdues : l'indocile cep ne veut pas fructifier, tout simplement *parce qu'il n'a pas l'âge* adulte et qu'il faut à un arbre de semis, comme à tous les êtres doués d'une certaine longévité, une certaine préparation pour devenir apte à se reproduire par des germes. » (???)

« Donc, le cep rebelle n'a pas été sacrifié. Quand il pourra montrer son fruit, s'il est de bonne qualité, le propriétaire se propose de multiplier par le bouturage et de créer avec ce plant rustique un vignoble capable de résister aux parasites. »

« Un autre vice-président de la Société d'horticulture et d'acclimatation du Var, M. Honnoraty, semait, il y a cinq ans, des pépins d'un raisin de table qui ont produit des ceps d'une vigueur remarquable, qu'il essaya de pousser à fruit par la taille et la greffe, sur de vieilles vignes. M. Honnoraty comprend aujourd'hui qu'il ne doit pas multiplier ces jeunes semis; il se borne donc à diriger leur charpente, et qu'il doit attendre leur âge adulte pour les faire fructifier. Mais il expérimente en ce moment (1874) leur degré de résistance au phylloxéra, et il en a planté quelques sarments en plein vignoble infesté. Pour que l'expérience fût concluante, il aurait dû se servir de plants préalablement enracinés, car la bouture peut être détruite par des pucerons qui se porteront sur les jeunes racines au moment où elles commenceront à se former. »

« M. Besson, pépiniériste à Marseille, a obtenu par le semis de nos raisins de table des variétés méritantes dont les fruits ont figuré avec honneur à diverses expositions méridionales. De même, M. Bouschat, de l'Hérault, a créé, par des hybridations raisonnées, certains cépages de la section des *teinturiers* qui commencent à se répandre dans nos vignobles. Ces races nouvelles ont un tempérament très-robuste; au témoignage de M. Pellicot, président du comice de Toulon, les *teinturiers* Bouschat résistent au phylloxéra d'une manière remarquable. »

Il nous semble que les commissions instituées par les sociétés et comices agricoles, contre le phylloxéra, auraient intérêt à se tenir au courant de ces expériences, et à les répéter, ou au moins à les suivre; c'est dans ce but que nous les leur signalons.

Qu'on veuille bien le remarquer, nous ne voulons ni juger ni préjuger en une matière qui n'est pas du tout de notre compétence, mais nous croyons faire acte de civisme, dans l'intérêt sagement entendu de la question, en demandant, au nom du salut commun, que chacun s'efforce de faire un peu de lumière autour de cette idée.

Ne préjugeons pas, examinons d'abord, en en appelant à l'expérience directe, et nous conclurons après, mais avançons! *Go head.*

CHAPITRE V

Nous avons eu l'honneur d'entendre M. Fabre, ancien député et ancien procureur général dans le Midi, exposer devant la Société d'agriculture de la Gironde, sa méthode culturale, ses résultats et ses espérances, avec quelques démonstrations à l'appui.

Le sujet est encore si neuf, et les conséquences qu'il implique peuvent être si graves, qu'il nous semble sage d'écouter d'abord les viticulteurs de profession, qui ont tout intérêt à bien voir et qui, pour se renseigner sûrement, sont allés visiter le vignoble, en partie transformé, de M. Fabre, l'ardent propagateur des plants américains.

Nous verrons ensuite quelles sont les conclusions qui se dégagent des observations et des faits enregistrés par MM. Princeteau et Ramat.

« Guidés par le célèbre M. Planchon, de nombreux propriétaires du Midi ont cherché le salut de leurs vignobles dans la culture des cépages américains. Chacun connaît les travaux remarquables de M. Planchon sur les vignes américaines; ses publications nombreuses sont entre les mains de tous les viticulteurs.

« Les détails sur la culture et le choix des cépages, par rapport à la résistance phylloxérique, sont des plus complets, et nous ne pouvons qu'engager à les consulter.

« Parmi les propriétaires du Midi qui ont le plus sérieusement essayé l'importation des plants américains, nous devons citer M. Fabre, dont nous avons visité le beau domaine de Saint-Clément.

« Dès 1869, M. Fabre remarquait dans son domaine des taches, et après avoir inutilement essayé divers insecticides ou engrais, il se décida à renouveler son vignoble à l'aide des cépages américains, dont M. Laliman, dans la Gironde, et M. Risley, à Saint-Louis d'Amérique, lui attestaient la résistance phylloxérique.

« D'ores et déjà, un fait important à noter est celui-ci : que les essais de M. Fabre ne remontent qu'à cinq ans au plus, et même, par le fait de l'installation de ses greffes ou replantations, à trois ans.

« M. Fabre, procédant des expériences de MM. Laliman et Risley, quant à la résistance des cépages américains aux atteintes du phylloxéra, a pu constater *de visu* une résistance comparative importante. Ainsi, dans une pépinière plantée de cépages français et américains alternés, les seuls qui aient survécu au bout de l'an furent les ceps américains, sans qu'il ait été constaté parmi eux un seul cas de mort. Du reste, l'examen attentif des racines de chacun des plants d'origine différente donne les résultats suivants :

« Sur les plants français, l'attaque phylloxérique modifie la substance et amène la décomposition prompte de la racine, surtout sur les jeunes sujets ; chez les américains, au contraire, la blessure, au lieu d'être pénétrante comme chez les précédents, est superficielle et produit une induration ou callosité au delà de laquelle les tissus conservent leur forme et leurs propriétés ordinaires.

« La résistance comparative est donc aujourd'hui un fait acquis, et les propriétaires des pays non encore envahis par l'insecte peuvent chercher sinon le salut, du moins une prolongation notable d'existence pour leur vignoble, dans la culture des plants américains.

« Mais faut-il conclure immédiatement à la résistance absolue de ces mêmes cépages et suivre le conseil de renouvellement complet et immédiat des vignes attaquées, que nous donne M. Fabre ?

« M. Fabre affirme la résistance absolue sans autre base ni expérience que la résistance comparative observée par lui, et les affirmations de M. Risley en Amérique.

« Loin de nous la pensée de nous élever contre ces dernières affirmations, mais encore nous serat-il permis d'en appeler à la science sur les modifications possibles de certains animaux et végétaux, transportés en dehors de la latitude dont ils sont originaires. »

Il nous semble qu'il y aurait un moyen bien simple de lever tous ces doutes. Il serait intéressant de savoir quelle a été la première origine des vignes américaines. Si elles ont été importées d'Europe, on pourrait en inférer qu'elles se sont adaptées successivement au milieu dans lequel on les a placées, et, conséquemment, que si on les retransplantait dans leur patrie originaire, elles reprendraient très-probablement leur caractère primitif. Chassez le naturel, il revient au galop. Il faut bien y penser, si l'on veut s'épargner de grosses déceptions et beaucoup de regrets. La question mérite donc d'être examinée, et il faut souhaiter que les historiens nous éclairent sérieusement sur ce point.

MM. Princeteau et Ramat ajoutent :

« Peut-on, sans crainte de se tromper, affirmer que, dans un temps peut-être rapproché, les tissus des racines américaines ne subiront pas dans notre sol des modifications qui ne les laisseront plus à l'abri des attaques du phylloxéra ? Et même sans avoir à subir ces modifications, est-il bien certain que ces nombreuses indurations causées par le phylloxéra aux racines de la vigne ne porteront pas atteinte à la vigueur du cep et à sa vitalité ?

« Ces quelques réflexions nous ont été suggérées par la lettre de M. Fabre au ministre de l'agriculture et du commerce, du 23 mai 1875, et les viticulteurs devront sérieusement les méditer avant de se décider pour un renouvellement complet.

« La résistance comparative, constatée et affirmée, nous engage certainement à introduire dans nos pépinières les cépages américains, sur lesquels nous grefferons nos cépages français.

« Désormais, ou jusqu'à ce qu'un remède pratique et efficace soit découvert, c'est le seul mode de remplacement dont nous devions user : c'est incontestable.

« La distance est grande entre le remplacement et le renouvellement.

« M. Fabre nous conseille le renouvellement tel qu'il l'a fait chez lui.

« C'est praticable, mais.... dispendieux.

« M. Fabre a fait faire 60,000 greffes à raison de

7 fr. le cent, ci................................   4,200 fr.

« 30,000 greffes, l'année suivante, à 7 fr.
le cent, ci....................................   2,100

« Privation de récolte pendant un an et
demi (calcul de M. Fabre). La récolte de
90,000 pieds évaluée dans nos palus à
160 tonneaux par an, à 200 fr. l'un, soit
pour un an et demi 240 tonneaux à
200 fr., ci...................................   48,000

« Façon de 90 journaux pendant un an
et demi, à 50 fr. par journal et par an, ci   6,750

« (Je néglige l'achat des crossettes nécessaires, à 10 fr. le cent).

                                                  61,050 fr.

« Au moment où son vignoble peut rapporter une
demi-récolte, M. Fabre a donc augmenté son capital
de plus de 60,000 fr., et en évaluant dans nos pays
de palus une propriété de 90 journaux, au plus, à
300,000 fr., on arrive à voir que le renouvellement,
ainsi que l'a pratiqué et que le conseille M. Fabre,
est une augmentation d'environ 20 0/0 du capital,
laissant, du reste, le champ libre à toutes les éven-
tualités signalées plus haut. »

MM. Princeteau et Ramat indiquent trois modes
de greffage, la greffe en fente, la greffe anglaise à
crans, et la *greffe-provin* de M. Bouschet, pour lesquelles nous renvoyons à la brochure de ces
Messieurs.

Selon M. Fabre, les vignes américaines de la famille des Cordifolia sont les *seules* dans lesquelles
il soit possible de puiser.

Le Clinton, le Taylor et le Riparia, types dont

ils sont issus, sont spécialement recommandés
« d'après les remarquables observations et les sa-
vantes études de M. Fabre sur les plants américains. »

Le Taylor surtout, possède une vigueur aérienne
excessive. Les Æstivalis, dans lesquels on remarque
en première ligne l'Herbemont, après lui le Cuning-
ham et le Cynthiana, seraient très-bons aussi, s'il
était facile de les obtenir par bouture.

Quant aux Labrusca, leurs qualités résistantes
sont nulles. C'est donc à l'aide du Clinton et du
Taylor que nous devons procéder à nos renouvel-
lements.

M. Chausserouge et M. Mériot, délégués du Comice de Saintes, sont allés visiter aussi le domaine
de M. Fabre, et voici ce qu'ils ont constaté :

« Les cépages américains croissent au milieu des
« phylloxéras ; ils produisent au milieu des phyllo-
« xéras, et les racines bravent impérieusement les
« piqûres de l'insecte. » (*Rapport au Comice de
Saintes, septembre* 1875.)

Le fait est vrai, car il a été affirmé par un assez
grand nombre de témoignages, desquels il n'est
pas permis de douter. C'est très-bien, mais il faut
voir les conséquences, et une grosse question se
pose naturellement ici :

Que deviendront tous les vignobles encore indemnes si les cépages américains permettent d'en-
tretenir éternellement chez nous la fécondité du
petit monstre ?...

La perpétuité d'un tel fléau apparait ici en perspective, et doit donner à réfléchir. Chaque pied de
vigne serait désormais un foyer permanent. C'est
bien grave, et il y a là un très-grand danger, car

c'est éterniser le mal, c'est engager l'avenir d'une façon inquiétante. C'est le phylloxéra acclimaté, nourri, logé à nos dépens, à perpétuité. C'est lui qui est le vainqueur, et c'est nous qui sommes les vaincus, *sans l'espoir de la délivrance.*

Que répondre à cela ?... Et comment n'y a-t-on pas songé ?

On a pu remarquer avec quelle prudente circonspection MM. Princeteau et Ramat se sont abstenus de prendre parti. C'est tout simple : pour tout ce qui date d'hier, il est bon d'être réservé, car ce que nous savons sur un sujet aussi neuf doit être bien peu de chose auprès de tout ce que nous ne savons pas encore.

M. le docteur Turrel dit qu'il y a à ces postulatum bien des difficultés.

« La première, c'est que les raisins américains sont en général médiocres, mûrissent inégalement ou trop tard, même dans notre Midi, doués de saveurs étranges, et incapables de produire des vins acceptables pour nos palais, accoutumés aux suaves bouquets de nos crus en renom.

« La seconde, c'est que ces espèces reçoivent mal la greffe, se multiplient différemment par boutures et ne se comportent bien que par le marcottage. Enfin, elles ne se prêtent pas à nos modes de culture, ne produisent rien quand on les taille, et veulent être abandonnées à elles-mêmes sur de vastes espaces. Un pied de *Scuppernong*, au dire de M. Pulliat, couvrirait de 2 à 3 acres (100 à 150 ares); un autre pied de ce même cépage, dans la Caroline du Nord, au témoignage de M. Le Hardy de Beaulieu, étendrait sur près d'un tiers d'hectare ses innombrables ramifications.

3.

« Ce tempérament si différent de celui de nos vignes, cette vaillance avec laquelle les cépages américains supportent les assauts du phylloxéra s'expliquent d'un mot : toutes ces vignes sont des sauvageons, des lambrusques (lambrusqua). Or, nous retrouvons chez nous, dans nos vignes spontanées, dans nos lambrusques qui jettent leurs désordonnées végétations sur les grands arbres de nos halliers et de nos berges, la même robusticité pour résister au fléau. Pourquoi donc aller chercher si loin ce que nous avons sous la main, à notre portée ?

« Quand les Américains ont voulu produire du vin, en gens pratiques et connaissant le prix du temps, ils ont commencé par utiliser ce qu'ils avaient chez eux. Ils ont récolté les fruits de leurs lambrusques, et choisissant parmi ces sauvageons ceux qui réunissaient fécondité, saveur et beauté de la grappe, ils ont formé avec eux leurs premiers vignobles.

« Ainsi ont été distinguées et préconisées certaines variétés qui, suivant les régions, se disputent les préférences des planteurs. Ce sont ces lambrusques qui menacent de faire invasion chez nous et de perdre nos cuvées et leur antique réputation.

« Faisons observer du reste que les Américains ne se sont pas borné à faire un choix parmi leurs meilleurs sauvageons, comme dut procéder lui-même notre aïeul Noë (Dyonisius). Les viticulteurs de l'Union ont commencé à faire des semis non-seulement de leurs lambrusques, mais encore de pépins provenant de grappe hybridées avec nos meilleures races. Ils ont ainsi créé de nombreux cépages qui, au tempérament de leurs rustiques ascendants, joignent les qualités raffinées de notre séve française.

« C'est là précisément ce que nous recommandons à nos viticulteurs : qu'ils sément à leur tour des pépins de nos meilleures variétés, qu'ils cherchent à obtenir, par une judicieuse sélection, des cépages plus robustes parce qu'ils auront la jeunesse, et tout aussi méritants, comme le semis peut en produire, et ils auront sauvé notre grande industrie agricole qui fait la fortune et la réputation de notre chère patrie. »

Il est donc assez difficile de prononcer définitivement dans une question qui n'est guère que naissante. D'un autre côté, l'abstention complète laisserait les choses en l'état, et nous n'avancerions pas.

S'il est permis de concevoir quelques espérances, il faut les faire confirmer par des applications aussi multiples que possible, mais en opérant seulement dant les centres viticoles les plus ravagés, sauf à traiter ces vignes, plus tard, en vue de la destruction de l'insecte, par les moyens qui auront donné de bons résultats. On ne doit ni repousser systématiquement, ni approuver légèrement, mais faire simplement la lumière, s'éclairer au foyer de l'expérience et des faits bien constatés, sans y mettre ni passion ni parti pris, et n'avoir jamais d'autre point de mire que l'amour de la vérité et de l'utile, dans l'espérance de faire un peu de bien.

M. G. Bazille dit, de son côté, à propos de cette question, présentement à l'étude à la Société d'agriculture de l'Hérault, sur la demande du ministre

de l'agriculture : « Avant d'entreprendre une œuvre
« aussi capitale, n'est-il pas plus raisonnable
« d'attendre que des faits nombreux, bien consta-
« tés, que des expériences sérieusement contrôlées,
« permettent de marcher avec une entière con-
« fiance ?.... Que l'on continue l'hiver prochain à
« planter un peu partout des cépages américains
« *sur une petite échelle*, rien de mieux, mais qu'on
« renvoie à plus tard les grandes et définitives plan-
« tations. L'expérience aura prononcé. » (*Journal
d'agriculture pratique* du 9 septembre 1875.)

M. G. Bazille termine par cette espèce d'allégo-
rie : « Si nous pouvions, dès aujourd'hui, dire avec
certitude absolue à nos vignerons du Midi : voilà
un cépage résistant au phylloxéra, et qui peut vous
servir de porte-greffe, on illuminerait depuis Toulon jusqu'à Perpignan ! »

Il faut espérer qu'avec ou sans illumination la
France ne paiera pas la rançon des cépages étrangers.

Donc, encore une fois, il faut expérimenter et
multiplier les résultats.

Tout au plus pouvons-nous rappeler, afin de justifier ces sages réserves, que la réputation universelle
des vins français doit être sacrée, au nom de
la chose publique, car c'est un vieil héritage que
nous avons le devoir de transmettre intact à nos
descendants, que nous devons, par conséquent,
nous efforcer de conserver, dans l'intérêt de l'avenir que nul n'a le droit d'engager légèrement, puisqu'il s'agit d'un patrimoine national qui est encore
l'une des gloires incontestées du pays, et, certainement, l'une des branches les plus importantes du
revenu individuel et de la fortune publique.

CHAPITRE VI

§ 1. — Action des terres arables. — Conditions de succès.

Si l'asphyxie souterraine doit aboutir (et nous en sommes maintenant bien convaincu), c'est elle qui s'appliquera certainement à la grande majorité des cas ; il ne faut pas dissimuler cependant qu'elle présente de réelles difficultés, et que celles-ci sont assez multiples. On ne doit pas craindre de le dire, mais il faut surtout le prouver, parce que c'est faire de la lumière au profit de la question.

Les produits que l'on peut faire agir contre le phylloxéra, et qui tuent sûrement, sont beaucoup plus nombreux qu'on ne le pense, mais on a à lutter contre des actions qui sont inhérentes à tous les terrains en culture, et contre certaines énergies particulières du sol, encore mal connues, dont la puissance n'est pas moins très-réelle. Ce qui rend également les applications difficiles, c'est l'obligation presque absolue de bien diffuser la matière, c'est-à-dire de la faire pénétrer partout, dans le sol, comme la submersion nous en fait comprendre l'indispensable nécessité, et surtout d'obtenir des effets de durée. Ces trois points sont le pivot de la question.

Depuis deux ans, nous avons vu d'assez près chacun de ces écueils pour en parler en toute connaissance de cause, affirmer leur existence et certifier que c'est là que gisent les plus grands obstacles. On le conçoit aisément, d'ailleurs, quand on songe qu'un hectare de terre de 0 m. 25 de profondeur seulement, représente 2,500 mètres cubes et un poids de 4,250,000 kil. On est bien obligé de compter avec de pareilles masses, mais il est bon que l'esprit s'y arrête un peu, afin de comprendre toutes les difficultés du problème.

Les sols arables sont doués d'un pouvoir absorbant considérable, à l'égard de beaucoup de produits, notamment de ceux qui peuvent être utiles à la végétation, et à moins de quantités d'eau qui sont presque l'équivalent d'une submersion, l'égale répartition dans le sol, des substances employées, devient une véritable impossibilité matérielle. De là, l'inefficacité d'un grand nombre de produits salins qu'il est facile de mettre en dissolution dans l'eau, qui tuent sûrement l'insecte dans le laboratoire, mais que, finalement, on ne peut faire parvenir dans toutes les directions que suivent les racines.

Si les difficultés sont si réelles avec des dissolutions, on comprend de suite que la diffusion des poudres quelconques est encore plus impossible quand il s'agit de pénétrer de telles masses de terre.

L'action la plus praticable et la plus sûre est celle des gaz délétères et des vapeurs toxiques, mais la terre exerce, sur beaucoup de produits gazeux, des actions décomposantes qui se manifestent de plusieurs façons, et souvent avec une grande énergie, suivant la nature des composés que l'on fait agir. L'hydrogène sulfuré, qui tue si rapidement, ne peut être diffusé dans la couche arable, parce que la terre l'absorbe et le décompose presqu'à l'instant même, comme le ferait une immense pile voltaïque, et, finalement, on ne retrouve plus dans le sol que du soufre réduit qui est sans action sur l'insecte. De là l'inefficacité de tous les sulfures.

Il en est de même de l'hydrogène phosphoré, dont l'action est des plus meurtrières ; il est décomposé rapidement et l'on ne trouve plus dans la terre que de l'acide phosphorique combiné provenant de cette décomposition, et qui est sans action contre le phylloxéra.

D'autres vapeurs, très-toxiques pour l'insecte, sont également décomposées par le sol avec une grande facilité, mais d'une façon différente, notamment l'acroléïne, l'iodure et le sulfure d'allyle. La terre les détruit et les brûle comme le ferait un foyer incandescent, et on ne constate plus dans le sol que la présence des gaz inoffensifs provenant de la combustion de ces produits. Nous verrons plus tard que cette action comburante du sol est nécessaire à d'autres points de vue de la question et qu'il est permis de la considérer comme une prévoyance providentielle.

Les mêmes effets se produisent également lorsqu'on insuffle dans le sol, à l'aide de pompes à air et de tuyaux spéciaux, les fumées les plus denses et les plus âcres. Le tout est comburé, comme dans l'exemple précédent, et les résultats sont tout aussi négatifs. Mais en poussant l'enfumage du sol jusqu'à sa dernière limite, c'est-à-dire au point d'en saturer complétement la terre, et la faire fumer comme un four à chaux, on réussit, et l'insecte est tué. Nous allons y revenir.

Nous n'oublions pas que nous parlons surtout à des praticiens, mais qu'ils veuillent nous permettre de leur faire remarquer que ces détails ne sauraient être omis. Il peut y avoir là des données utiles pour l'avenir, et il faut penser aux enseignements et aux déductions que l'agriculture pourra en tirer un jour. Nous allons, d'ailleurs, en trouver dès maintenant, en ce qui concerne le sujet lui-même.

Ces faits nous montrent que les espérances que l'on a pu concevoir sur l'enfouissement dans le sol de quelques plantes à odeur âcre, comme moyen préventif, ne pouvaient aboutir, puisque bien des produits toxiques d'une énergie reconnue sont détruits très-rapidement. Les pratiques réitérées de la submersion indiquent, au contraire, l'impérieuse nécessité d'une action prolongée. Donc, toute matière qui ne résistera pas, pendant plusieurs mois, aux actions décomposantes du sol, aura peu de chances de réussite. D'ailleurs, les résultats connus dès maintenant le prouvent sans conteste.

Après la connaissance de ces faits, doit-on s'étonner si tant de projets n'ont abouti qu'à des déceptions? Il faut constater cependant que les bonnes volontés n'ont pas fait défaut, mais qu'il y a eu là une dépense d'efforts incohérents, d'activité, et quelques fois de dévouement, qui n'aurait demandé qu'une bonne direction et un peu de lumière pour ne pas aboutir à la stérilité, mais on n'a rien tenté d'utile dans cette voie, et il faut le regretter. Si l'initiative individuelle n'est pas toujours une puissance, elle est souvent une force, et on ne fait de la puissance qu'avec des forces groupées et bien dirigées.

Beaucoup de personnes peu au courant de la question ont souvent témoigné une grande surprise en songeant que pas une proposition sérieuse n'a surgi, en faveur de la destruction de l'insecte, de la part des intéressés. Rien n'est plus simple, cependant, quand on considère combien la question est complexe, et tout ce qu'elle exige d'études préalables, de connaissances positives, d'esprit d'observation et de persévérance. Mais ce que l'on doit constater avec un réel chagrin, c'est que cette impuissance, qui s'élève ici à la hauteur d'une autre calamité, n'existerait pas si l'instruction scientifique professionnelle était plus répandue, si elle était, pour chacun, en rapport avec ses besoins journaliers et avec les nécessités générales. « Rien ne supplée à la connaissance des éléments d'une science. » Personne, en effet, n'admettra que la masse des intéressés reste sans moyen d'action et de défense en face d'un péril aussi réel !... La viticulture entière est là comme une armée sans armes. L'ennemi se présente, il fait invasion partout; c'est un puceron, et il est vainqueur. Cela est tout simplement déplorable, et c'est presque honteux dans une société qui se croit si éclairée.

Les révélations utiles sont toujours des à propos, mais nous n'insisterons pas sur ce triste côté de la question. Les faits sont là, et leur témoignage vaut bien des plaidoyers.

§ 2. — Les sulfocarbonates

Parmi les moyens employés en vue de l'asphyxie souterraine, les sulfocarbonates ne pourraient être oubliés, car ils n'ont pas dit leur dernier mot. Prenons garde aux jugements téméraires et aux conclusions anticipées !.... Être juste est le premier de tous les devoirs.

Certainement on a constaté des échecs, et il serait puéril de chercher à les dissimuler. Mais quand a-t-on vu une idée neuve et une application pratique aussi récente, produire du premier coup tout son effet utile, et atteindre, sans coup férir, les limites de la perfection ?

Est-ce que la submersion, qui donne aujourd'hui des résultats si certains, est arrivée d'emblée au point où elle en est ? Est-ce qu'il n'y a pas eu des imperfections au début, puis des retouches, et finalement des effets satisfaisants ? Est-ce que ce n'est pas là l'histoire de toutes les conceptions humaines, et, en particulier, de toutes les créations nouvelles, de toutes les inventions dont nous jouissons ? Il a fallu un siècle et demi d'efforts, par plusieurs centaines de chercheurs, certainement, pour arriver des premières armes d'arquebusier au chassepot de nos jours. Essayez de comparer la première machine à vapeur, même perfectionnée par Newcomen, aux machines d'aujourd'hui, sans parler de la première marmite de Papin, mise en comparaison avec les chaudières tubulaires de nos locomotives? etc., etc., etc...

Est-ce qu'il devrait être nécessaire de rappeler que la perfectibilité est essentiellement l'œuvre du temps? Pourquoi, dès lors, conclure avec tant de précipitation? Ce n'est ni juste ni sage, et nous devrions mieux comprendre que tous les dévouements ont au moins droit à la justice, surtout quand il s'agit d'un intérêt public aussi considérable, et qu'il ne faut pas exiger d'autrui plus qu'on ne pourrait soi-même, dans les mêmes circonstances.

Non, tout n'est pas dit au sujet des sulfocarbonates, et pour être bien complétement sincère, nous ajoutons, sans hésitation, que l'idée de faire agir le sulfure de carbone (qui tue si bien), en allant le chercher dans une combinaison de laquelle il peut se dégager lentement, et se répandre dans le sol d'une façon continue, est une idée des plus heureuses à laquelle c'est un devoir de rendre justice. Ah! si tous ceux qui critiquent amèrement connaissaient mieux les difficultés de la solution, ils seraient moins sévères, et ils se garderaient bien de tout ce qui peut contribuer à faire naître du découragement parmi les hommes de bonne volonté. *In terra pax hominibus bonæ voluntatis.*

Quand un savant, qui est l'une des gloires du pays, consent à descendre des hauteurs où ses mérites personnels l'ont appelé, pour venir, en simple volontaire, prendre sa part des rudes labeurs de l'invention, il faut savoir s'incliner, parce que ces hommes-là sont rares, et que quand ils ont eu l'honneur d'illustrer la patrie, ils ont droit à tous les respects et surtout à la justice de chacun.

Pas d'impatience. Les solutions viendront, c'est certain, mais n'oublions pas que nous avons besoin de tous les dévouements, et particulièrement de ceux qui peuvent faire un peu de lumière (1).

(1) A propos de ces réflexions, qu'il nous soit permis de reproduire ici quelques passages d'une lettre intime au directeur d'un journal de province que nous ne croyons pas devoir désigner, mais nous ajoutons que nous ne considérons ici que le fait général, et non le cas particulier :

« Les chercheurs sont beaucoup plus à plaindre qu'on ne se l'imagine, parce qu'on leur crée trop souvent, sans motifs légitimes, des situations bien pénibles. Ils s'empressent d'accourir quand tout le monde leur crie au secours, mais chaque fois qu'il y en a un qui tombe, avec le risque de se blesser ou de se casser les reins, on est sûr que ceux qui le regardent ne s'avancent pas pour le secourir ou pour le consoler, mais bien pour lui jeter la plus grosse pierre. Nous en sommes encore là, nous les civilisés !... »

« Est-ce que vous appelez cela de la justice, de la charité chrétienne, ou tout simplement de la bonne politique?...

« Croyez-en, Monsieur, la triste et douloureuse expérience d'un homme qui s'achemine vers sa fin : c'est bien ainsi qu'il faut s'y prendre pour semer partout le découragement, et c'est comme cela qu'aux heures du danger on ne trouve plus personne quand on bat le rappel du dévouement. Nous ne l'avons, hélas ! que trop bien vu déjà...

« Il y a bien des tristesses au fond de tout cela, à beaucoup de points de vue, et j'ose espérer, Monsieur, qu'elles vous feront réfléchir. Croyez-moi, pensez quelquefois à ceux qui cherchent si volontiers les moyens de faire des bouchées de pain pour tout le monde, sans être jamais sûrs d'en avoir les miettes.

« F. R. »

« Tandis qu'on suscite des hésitations et des doutes, tandis
« qu'on décourage la recherche et qu'on sème la défiance, qu'on
« arrête ou qu'on fait ajourner des essais attendus, le mal
« toujours s'épand, et toujours monte la ruine, la ruine effec-
« tive, assurée par l'effroyable fécondité de l'ennemi. »

(E. Gayot, *Gazette de France* du 21 septembre 1875.)

§ 3. — L'Enfumage du sol

Nous venons de voir que dans la série d'expériences que nous avons poursuivies pendant deux ans, l'enfumage du sol avait seul donné de bons résultats. C'est en effet *l'idée* qui nous a servi à faire de bonnes applications, mais telle qu'elle s'est produite à l'origine, elle n'était ni pratique ni économique. Une idée seule était trouvée ; il fallait lui donner un corps, afin d'en rendre l'application possible. Voyons donc les moyens d'exécution, l'application pratique et les résultats obtenus.

L'appareil employé est représenté en élévation, dans la figure 2, et en coupe dans la figure 1. Il a été déjà décrit et commence à être connu, mais nous le reproduisons à nouveau, parce qu'il a été perfectionné depuis, et qu'il est utile de faire comprendre aux intéressés en quoi consistent ces perfectionnements, et les services qu'ils pourront rendre.

Le corps A, de l'appareil, fait fonction de générateur, et le tuyau C fait fonction d'insufflateur. Voilà tout l'ensemble. B est la fermeture hermétique à vis. D est le mandrin mobile qui, préalablement chauffé, fait fonction de foyer. Voilà tous les détails, sauf à ajouter que le tuyau insufflateur C est mobile, qu'il se dévisse en E, et que sa longueur est variable suivant l'épaisseur de la couche arable sur laquelle on opère.

En marche régulière, on obtient, presque instan-
tanément, une pression de 2,50 à 3 atmosphères,
et, dès lors, les vapeurs produites sont lancées dans
toutes les directions, avec une très-grande force,
sans aucun effort individuel ; la chaleur seule suffit.

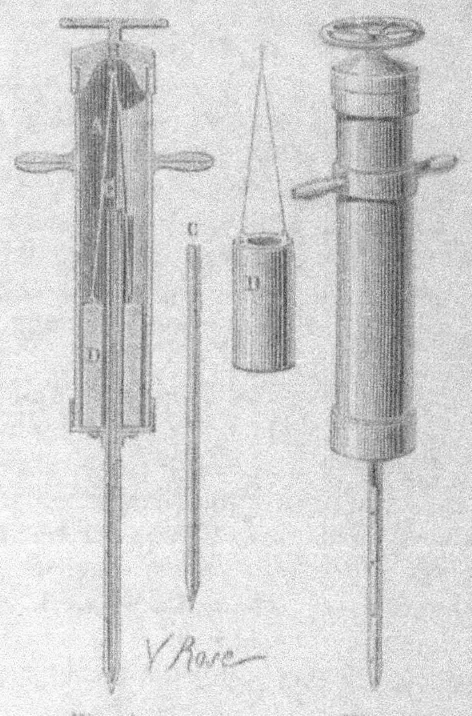

Fig. 1   Fig. 2
Injecteur Robart pour la destruction du phylloxéra
(Coupe et élévation de l'appareil)

Donc pas de main-d'œuvre pour produire l'insufflation.

Les produits employés sont liquides ; en passant

de cet état à l'état de vapeur ils augmentent de 12 à 1700 fois de volume, et produisent de véritables petits nuages. Si le tuyau insufflateur est enfoncé dans le sol, on n'aperçoit plus rien, la terre absorbe tout. Donc, la division de la matière atteint là les dernières limites du possible, puisqu'on en fait des nuages, et cela sans dépense d'aucune force corporelle ou mécanique, puisque la chaleur est le seul agent employé.

Voilà tout le système. Examinons les détails, afin de faire comprendre l'utilité très-réelle des perfectionnements qui viennent d'être réalisés.

Dans l'application, le corps de l'appareil reste hors de terre, et le tuyau d'insufflation est seul enfoncé dans le sol. Ce dernier est percé extérieurement, dans sa hauteur, d'une douzaine de trous d'aiguille, qui sont disposés en hélice, de manière à étager souterrainement les insufflations. Le tout est en fer étiré, et pèse de 15 à 20 kilos. Le poids seul de l'appareil suffit pour faire pénétrer le tuyau insufflateur dans le sol, quand ce dernier est un peu perméable, ou nouvellement labouré.

Le mandrin D, en fonte, est nécessairement d'un diamètre un peu inférieur à celui du corps de l'appareil. Il est perforé au centre, dans toute sa hauteur, afin qu'il puisse descendre au fond du générateur et faire bague autour du petit tuyau intérieur.

Pour faire fonctionner l'appareil, on verse d'abord au fond du générateur les produits à faire agir, et en même temps que le mandrin chauffé est descendu à la place qu'il doit occuper, un simple mouvement de rotation de la main ferme l'ouverture supérieure, et cela suffit. Tout est prêt.

Signalons quelques inconvénients, que l'application pratique a révélés.

Quand les produits sont versés, et que le mandrin, fortement chauffé, est descendu, il y a une production immédiate de vapeur, avant que l'appareil soit complétement fermé, et dès lors c'est une perte, surtout s'il s'agit de produits trésvolatils. Si se sont des huiles de goudron il y a quelquefois inflammation. Et enfin si on voulait faire agir des gaz irrespirables pour l'homme, on exposerait les ouvriers à des accidents.

Pour obvier à ces inconvénients, l'appareil a été modifié ainsi : un alimenteur F, en fer (fig. 3 et 4), muni de deux robinets de fonte, communique avec l'intérieur du générateur, et permet d'opérer, à volonté, l'introduction des liquides à faire agir. La tige rigide G, qui relie les deux robinets, a pour but de faire fonctionner chacun de ceux-ci par un seul mouvement de levier, et, bien entendu, quand le robinet du haut s'ouvre, celui du bas se ferme *et vice versâ.*

Admettons, par exemple, l'idée de faire agir l'acide cyanhydrique dans le sol, en décomposant, à chaud, un cyanure au moyen de l'aide pyroligneux, ainsi que nous l'avons tenté avec succès. En opérant avec le premier appareil, c'est presque impossible, à cause des dangers que court l'opérateur, tandis qu'avec l'appareil ainsi modifié, tout est possible, puisque le mandrin est descendu lorsque l'appareil ne contient rien, et que les liquides ne sont introduits que quand le bouchon à vis est fermé. On reste donc maître, désormais, d'opérer des réactions à volonté. C'est beaucoup, et nous allons voir le parti qu'on en peut tirer.

De cette façon bien des applications deviennent praticables sans le moindre danger, et le nombre

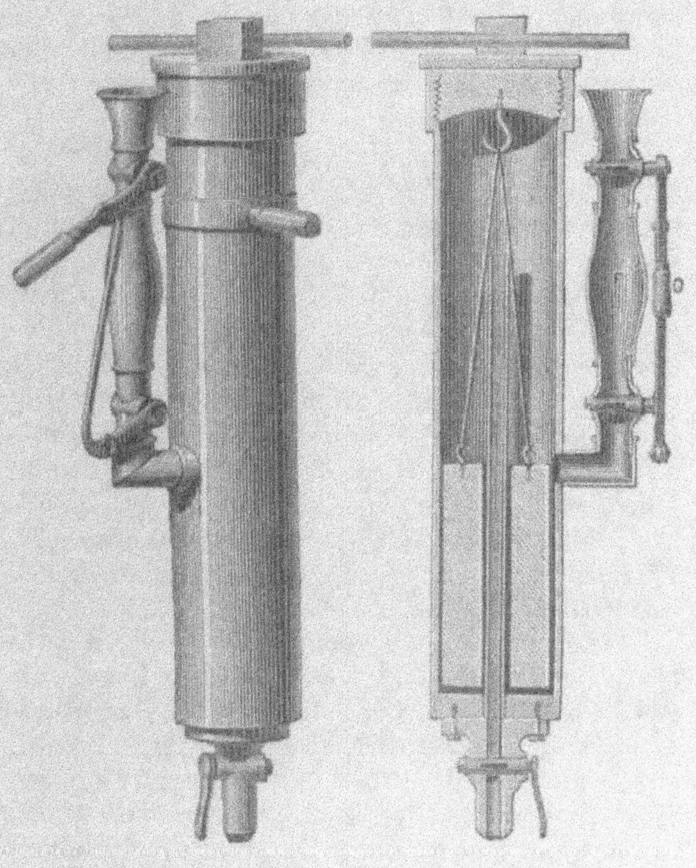

Fig. 3   Fig. 4

Injecteur Rohart complété pour la destruction du phylloxéra.
(Élévation et coupe de l'appareil)

de produits que l'on peut mettre en œuvre, depuis

4

les plus volatils jusqu'au moins volatils, s'élève dans des proportions considérables. Ce perfectionnement constitue donc de nouveaux moyens d'action contre le meurtrier de la vigne. En un mot, on augmente ainsi le matériel de siége et les munitions, particulièrement en ce qui concerne l'emploi du sulfure de carbone et de tous autres produits pouvant être vaporisés.

L'idée qui consiste à insuffler dans le sol de l'acide cyanhydrique gazeux est ainsi devenue réalisable, et cela est possible économiquement; en voici la preuve : Il suffit de décomposer 2 gr. 41 de cyanure de potassium, au moyen de l'acide pyroligneux qui nous sert, pour obtenir 1 gramme d'acide cyanhydrique pur, représentant, sous la pression normale et à la température ordinaire, 1 litre 06 de vapeurs. Or, une atmosphère confinée contenant $1/100^e$ d'acide cyanhydrique, constitue un milieu mortel pour le phylloxéra, ainsi que le prouvent les expériences consignées aux pages 76, 77 et 81. On peut donc, avec un gramme, empoisonner 160 litres d'air.

Les sols arables renferment, en moyenne, d'après les recherches de MM. Boussingault et Levvis, de 200 à 250 litres d'air par mètre cube. Par conséquent, pour empoisonner le volume de terre occupé, en moyenne, par un cep, il faudra produire 2 grammes d'acide cyanhydrique provenant de la décomposition de 5 grammes de cyanure représentant un dépense de 0 fr. 015 par cep.

Malheureusement, l'acide cyanhydrique est un produit peu stable, et il est décomposé très-rapidement par le sol. Cependant il y a lieu d'espérer encore. Nous y reviendrons ; mais, qu'on veuille bien le remarquer, ce sont presque toujours les énergies de la terre qui font obstacle, puisqu'elles détruisent les composés les plus efficaces ; et sans des recherches bien patientes, il serait presque impossible d'y voir clair, ou au moins ce serait à désespérer souvent.

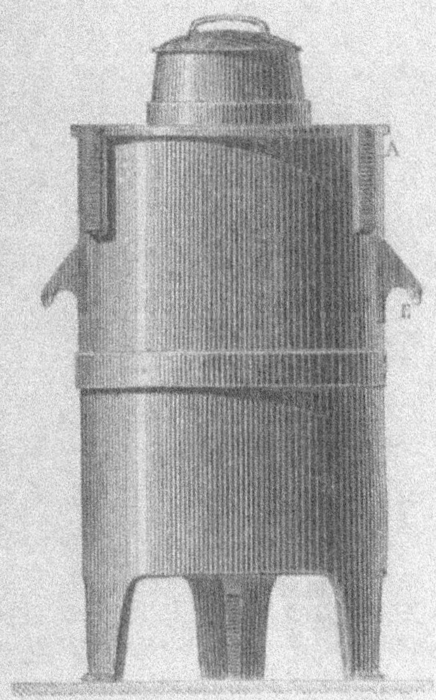

Fig. 5. — Fourneau mobile pour le service de l'injecteur Rohart.

Dans tous les cas, les mandrins sont chauffés très-également à l'aide d'un foyer mobile à coke, à alimentation continue, dont voici la description (Fig. 5 et 6). A, est un gros cylindre en fonte, de de 0m,60 de hauteur et de 0m,40 de diamètre, permettant de chauffer 9 mandrins à la fois, et d'en obtenir un chaud par minute.

Une grille circulaire repose en B B.

C'est un cylindre alimenteur, également en fonte, ouvert à chaque extrémité, de 0m,60 de hauteur et

Fig. 6. — Coupe du fourneau mobile pour le service de l'injecteur Rohart.

de 0m 22 de diamètre. Il est constamment plein de coke, comme le foyer lui-même, auquel il évite les charges intermittentes qui refroidissent brusquement le combustible en ignition et retardent le travail.

La disposition que nous avons adoptée là assure au contraire une alimentation continue; par conséquent, pas d'interruption. L'alimentateur C se ferme, au sommet, à l'aide d'un couvercle. Les mandrins sont suspendus autour de ce cylindre, comme l'indique la figure 6 et sont enlevés trés-facilement.

Le tout est supporté par des pieds en fonte, D. Des oreillons E, E permettent de déplacer ce foyer à volonté, à l'aide de deux brancards, ou de le suspendre sur un câble tendu, en fer, qui facilite beaucoup les déplacements du fourneau sur une longueur de 100 mètres et plus. Le tout pèse 120 kil., environ.

Avant d'entrer en campagne, il faut tout prévoir. Nous nous attendons bien à rencontrer quelques difficultés, quant à la pénétration souterraine, à raison de la diversité des sols; mais partout où la charrue pourra agir, nous agirons.

Disons d'abord que dans les terrains un peu perméables, et encore suffisamment humides, on peut pratiquer facilement un léger soulèvement de la vigne, à l'aide d'un appareil de levage dont voici un aperçu (fig. 7), et auquel on pourrait suppléer, au besoin, par une simple chèvre à voitures. Cette opération a été exécutée à Mongaugé sans le moindre inconvénient. L'expérience a donc prononcé sur ce point. Ce n'est là, à proprement parler, qu'un tour de main, mais il a son utilité. On comprend, en effet, que le soulèvement détermine une aspiration dans toute la surface soulevée, qui comprend la plus grande partie du système radiculaire, et qu'il en résulte, par conséquent, des canaux souterrains parallèles aux racines. Si cette opération est pratiquée au moment où l'appareil est enfoncé dans le sol, il y a donc tout à la fois aspiration causée par le soulèvement, et insufflation des vapeurs toxiques. Celles-ci pénètrent alors aussi loin que possible, dans le sens horizontal, et elles enve-

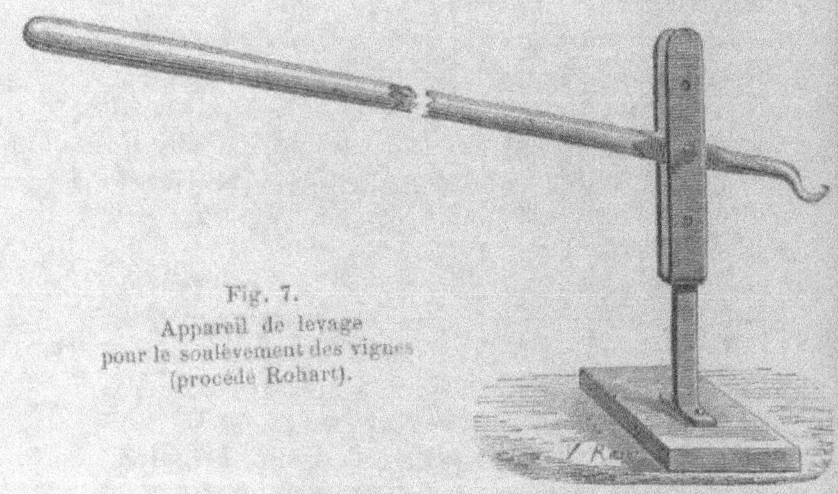

Fig. 7.
Appareil de levage
pour le soulèvement des vignes
(procédé Robart).

loppent presque toutes les racines. Le temps fait le reste en ce qui concerne la diffusion dans la masse de terre.

Il a été fait, au sujet de ces insufflations, une objection à laquelle nous devons répondre. On a dit: les vapeurs insufflées doivent se condenser immédiatement dans le sol; elles reprennent ainsi l'état liquide, et, dès lors, c'est comme si l'on versait ce liquide dans des trous pratiqués autour des ceps.

Tant qu'on n'a pas vu, on ne peut se rendre suffisamment compte, et il y a toujours place pour des suppositions, mais dans la pratique les choses ne se passent pas ainsi. Les fumées restent parfaitement à l'état de fumée, pendant un temps assez long, et cela est si vrai que, très-souvent, si l'on fait fouiller le sol une heure après l'insufflation, on constate encore la présence de ces vapeurs ; la terre fume comme si elle était humide et très-chaude.

On devait s'y attendre : la fumée n'est pas de la vapeur d'eau. Dans le narguillé des orientaux, la fumée du tabac traverse une certaine couche d'eau froide, et pourtant la condensation est insignifiante, car la fumée persiste parfaitement. C'est le même cas.

Dans les applications qui nous occupent, si les vignes sont très-âgées, si le sol est compact et profond, les racines sont pivotantes, et dès lors le soulèvement peut-être est impraticable. Alors un labour profond sera nécessaire, et peut-être faudra-t-il, dans quelques circonstances particulières, recourir à la fouilleuse à vignes, et même à une défonceuse ; c'est possible, mais en réalité, c'est là un travail agricole, rien de plus.

Il se pourrait également que les racines de la vigne fussent enchevêtrées dans des graviers et cailloux mélangés eux-mêmes à des sols très-argileux. Dans ces circonstances, une défonceuse serait peut-être nécessaire. De plus, nous avons prévu ce cas, en soumettant à quelques essais préalables des tuyaux d'insufflation qui peuvent être enfoncés obliquement ou perpendiculairement dans le sol, en s'aidant d'une mailloche. Alors, une nouvelle modification de l'appareil est nécessaire, et nous allons l'expliquer.

Dans la figure 8, le tuyau insufflateur C est rivé à son sommet, dans un manchon de fonte tubulé H, à tête résistante, et destiné à recevoir les coups de mailloche, nécessaires à l'enfoncement. Au besoin, on pourrait évidemment s'aider d'une tarière, ou, plus simplement, faire faire taraud avec la pointe du tuyau insufflateur.

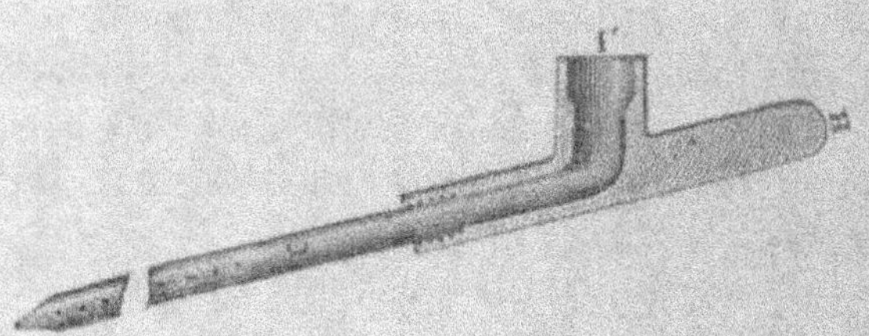

Fig. 8. — Tuyau insufflateur indépendant du générateur.

On comprend que, dans ces conditions, le générateur doit être indépendant de l'insufflateur. De là la modification indiquée figures 9 et 10.

On remarquera qu'en ce qui concerne l'alimenteur F, les deux robinets de fonte indiqués fig. 3 et 4, ont été supprimés, afin d'économiser du poids mort et de la dépense, et qu'ils ont été remplacés par des soupapes à boulets, a, a, qui remplissent les mêmes fonctions que les robinets, et se manœuvrent de la même manière.

Et enfin le tuyau C, du générateur A, porte intérieurement une tige métallique J, ayant à sa partie supérieure une soupape à boulet b, qui forme obturateur dans le tuyau C, lorsque l'appareil est en pression. Si, à ce moment, on place la base I de

l'appareil, sur la tubulure I' du tuyau d'insufflation, la partie inférieure de la tige métallique J

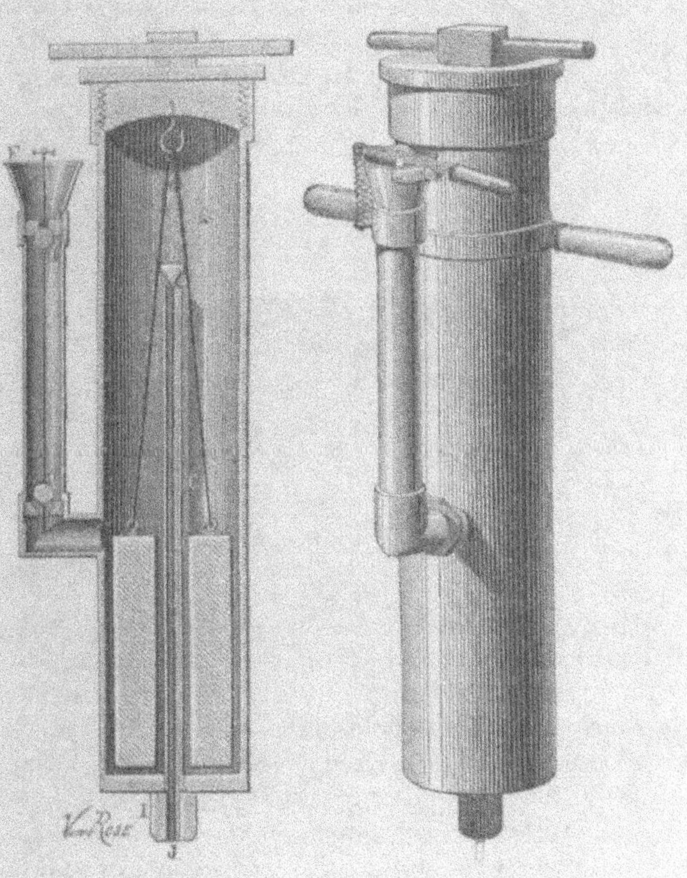

Fig. 9.   Fig. 10.

Deuxième complément de l'injecteur Rohart.
(Coupe et élévation de l'appareil.)

vient s'appuyer au fond de la tubulure I', elle soulève la soupape à boulet *b*, et les vapeurs de l'appareil s'écoulent avec force dans le tuyau insufflateur préalablement enfoncé dans le sol.

Nous avons même cherché à supprimer complétement les tuyaux d'insufflation, et nous croyons y être parvenu en faisant pratiquer des trous perpendiculaires dans le sol, autour des ceps, à l'aide d'un pal qui va jusqu'au fond de la couche arable.

Fig. 11. — Cônes en fonte, destinés à la suppression des tuyaux insufflateurs. (Procédé Rohart.)

Dans ce cas, un cône en fonte (Fig. 11) remplace le tuyau insufflateur, et alors la base de l'appareil est placée sur ce cône, qui est nécessairement percé au centre et dans toute sa hauteur.

On comprend, en effet, qu'en raison de la force de projection des vapeurs, celles-ci pénétrent dans le sol, et dans toute la hauteur de la couche arable, par toutes les interstices qui existe entre chaque particule de terre, puisque cette dernière n'est, à parler, qu'une masse poreuse semblable à une éponge.

Ces détails sont peu attrayants sans doute, mais c'est le *modus faciendi* du sujet, et il faut bien s'y résigner. A qui la faute si tant de conditions sont nécessaires pour produire un résultat utile ?... Il en faut bien d'autres pour faire massacrer des hommes... et ça coûte beaucoup plus cher !... D'ailleurs, aussi, il y a si peu de projets sérieusement étudiés, que nous avons à honneur d'établir que nous n'avons épargné ni les labeurs, ni la persévérance, ni les sacrifices. Et ce n'est pas fini.

§ 4. — Les moyens employés. — Action toxique des produits mis en œuvre.

Il ne suffit pas de dire que la question avance, il faut le prouver.

Voyons les produits mis en œuvre, puisque cela fait partie des moyens employés. Nous aurons ainsi l'occasion de répondre à quelques désidérata, notamment en ce qui concerne l'action de ces composés sur le bouquet des vins.

C'est l'instabilité générale des agents chimiques qui nous a conduit, après des expériences nombreuses, à donner la préférence aux produits naturels de la décomposition des matières végétales, parce qu'elles résistent mieux aux énergies décomposantes du sol, et qu'avec elles on est plus certain d'obtenir une action de durée qui est tout à fait indispensable, ainsi que les résultats de la submersion le démontrent avec tant d'autorité.

Nous venons de voir que l'enfumage du sol avait

été le seul moyen qui, après deux années de recherches, avait donné de bons premiers résultats.

L'appareil que nous venons de décrire a donc pour but de vaporiser tous les produits pyrogénés et empyreumatiques de la décomposition du bois et de la houille en vases clos, notamment l'acide pyroligneux, qui n'est à proprement parler que de la fumée de bois condensée, liquéfiée, auquel nous ajoutons différents produits de même origine, comme les huiles essentielles des goudrons de bois et les huiles lourdes provenant de la distillation des goudrons de gaz, afin de produire souterrainement des fumées asphyxiantes très-concentrées, d'une grande âcreté, par conséquent, et desquelles on peut aussi augmenter l'énergie d'action, en faisant agir, en même temps qu'elles, et dans des proportions déterminées, tous autres produits volatils qui tuent sûrement l'insecte, comme le sulfure de carbone et tant d'autres pris dans la longue série des hydrocarbures, sans oublier les phénates, mais plus particulièrement le phénate d'ammoniaque, que nous n'avons pu mettre en œuvre jusqu'ici, et que nous allons pouvoir faire agir, désormais, grâce aux perfectionnements introduits dans la construction de l'appareil que nous avons imaginé.

On n'a réellement, par ce moyen, que l'embarras du choix, et c'est important, parce que si l'on devait être limité, dans l'avenir, à quelques produits seulement, on ne saurait les trouver en quantités assez considérables pour suffire aux besoins de la consommation ; qu'en outre, on aurait à craindre les agissements de la spéculation, et par conséquent la hausse exagérée des prix. C'est bien de chercher des solutions, mais il faut les envisager dans leurs conséquences et penser à tout.

Les produits pyrogénés que nous venons de désigner sont obtenus abondamment par l'industrie, et sont répandus à peu près partout dans le commerce. Ils valent, en moyenne, 10 fr. les 100 kil. Leur production pourrait être augmentée dans des rapports considérables, et leur emploi n'exige aucune quantité d'eau dans le traitement des vignes malades.

Les vapeurs de ces produits sont à peu près sans action sur l'homme, au moins dans un travail ordinaire. Voyons comment elles tuent des animaux et des insectes d'espèces différentes, c'est-à-dire des êtres à sang chaud et à sang froid.

Le hasard et l'observation nous ont souvent servi. C'est ainsi que lors des applications faites à Mongaugé, au printemps dernier, les ouvriers avaient réuni en cage une douzaine de pauvres petits oiseaux, presque tous non pareils, enlevés sans pitié à la tendresse de leurs mères. Ils vivaient ainsi en communauté, depuis plus d'une semaine, grâce à des soins assidus, mais comme il y avait un peu loin du chantier à l'habitation, on apporta en cage les malheureux prisonniers, qui furent mis, sous la tente, à l'abri des ardeurs du soleil. Une heure après, ils étaient tous morts, et il n'y avait à côté d'eux, sous cette tente ouverte à tous les vents, qu'un peu de liquides répandus à terre, quelques appareils à réparer et des vêtements de travail imprégnés de l'odeur des produits.

Pendant le cours des opérations, on ramassa quelques hannetons, que l'on poussa à l'ouverture des trous dans lesquels venait d'agir le tuyau insufflateur. Chacun de ces animaux fuyait avec une répulsion visible, tournait sur lui-même et expirait presque aussitôt.

Des abeilles qui passaient à tire d'aile dans le champ d'expériences, et qui traversaient les vapeurs résultant de quelques fuites d'appareil ou du déplacement de ceux-ci, tombaient asphyxiées.

Des cantharides vinrent s'abattre, en très-grand nombre, sur un frêne ; on apporta sous cet arbre, à la fin de la journée, une plaque de fonte préalablement chauffée, sur laquelle on versa des liquides employés contre le phylloxéra, et de manière à produire un petit nuage. L'opérateur se trouva immédiatement au milieu d'une pluie de cantharides, et toutes celles qui tombaient à ses pieds étaient mortes.

La constatation de ces faits a son utilité : elle laisse entrevoir clairement la possibilité de faire désormais une guerre d'extermination aux insectes nuisibles à l'agriculture. Nous y reviendrons. En attendant, voyons d'autres résultats qui touchent plus directement à la question spéciale qui nous occupe.

§ 5. — Expériences dans des atmosphères confinées.

Toutes ces expériences ont été pratiquées l'été, en juillet et août, à l'aide d'un microscope disposé comme nous l'indiquons fig. 12.

Huile de goudron de bois. — Quatre phylloxéras n'existent plus après une heure vingt minutes. Les mères pondeuses avaient cessé de vivre après quarante-cinq minutes. Une mouche a vécu vingt minutes.

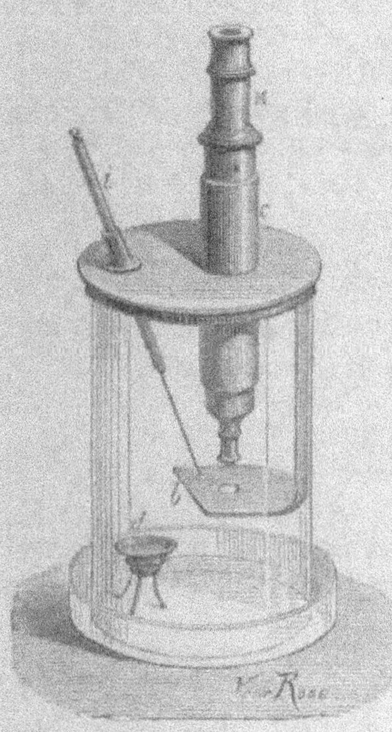

Fig. 12.

Microscope disposé pour des expériences contre le phylloxera.

M. Microscope, mobile dans le fourreau *c.*

C. Fourreau ajusté dans un bouchon qui ferme hermétiquement la cloche A.

b. Porte-objet.

i. Aiguille, passant par un trou pratiqué dans le bouchon, et servant à déplacer les verres ou les racines qui sont sur le porte-objet. Un petit tuyau de caoutchouc fait joint entre le bouchon et l'aiguille.

d. Nacelle recouverte avec une mousseline très-fine. Elle reçoit les produits destinés à émettre les vapeurs toxiques. — Le porte-objet est éclairé extérieurement au moyen d'un miroir.

Huile légère de goudron de houille. — Les six phylloxéras ne vivent que trente-cinq minutes. Après douze minutes, ils sont sur le dos et meurent dans des convulsions affreuses. Les membres sont raidis, et une teinte plombeuse les recouvre presque aussitôt après leur mort. Les mouches ont vécu cinq minutes.

Huile brute de goudron de bois. — Dix phylloxéras sont tous morts après quarante-trois minutes. Avant d'introduire la racine dans la cloche indiquée fig. 12, on voyait très-distinctement, à l'aide de la loupe, ces phylloxéras courir sur les racines. Après un séjour de trois minutes sous la cloche, ils ne bougeaient plus. Une guêpe a vécu douze minutes. Les pucerons du lierre ont été tués en une heure.

Huile lourde de goudron de houille. — Vingt-cinq à trente phylloxéras, déposés sous le microscope avec la racine qui les portait, sont tous morts après une heure quarante minutes de séjour.

Sulfure de carbone. — Les phylloxéras sont foudroyés en *quarante-cinq à cinquante secondes.* Dans les mêmes circonstances, les pucerons du lierre ont vécu trois minutes.

Cyanure alcalin. — Dix phylloxéras ne donnent plus signe de vie après trois minutes. Une mouche, introduite dans le même milieu, tombe foudroyée. (Il se produit, dans cette expérience, un peu d'acide cyanhydrique ou prussique.)

Huile lourde de goudron de houille (2ᵉ *expérience.*) — Tous les phylloxéras sont morts après une heure quarante-cinq minutes. Deux mouches n'ont vécu que trente-trois minutes.

Benzine. — Les phylloxéras vivent près d'une heure. Après quarante-cinq minutes, ils sont engourdis et semblent paralysés.

Cyanure de potassium. — 10 grammes sont enveloppés dans un papier simple à filtrer, et déposés sous la cloche. La mort des phylloxéras est presque instantanée. Les pucerons du lierre vivent treize secondes. (Encore dégagement très-faible d'acide cyanhydrique.)

Acide cyanhydrique en solution. — La solution est au titre de 0,05. Deux gouttes, déposées au fond d'un vase d'un litre de capacité, tuent le phylloxéra en quatre à cinq minutes.

Acide phénique. — On a déposé, sous une cloche de trois litres de capacité, six lombrics, ou vers de terre de différentes longueurs. On a suspendu dans cette cloche une petite nacelle contenant 5 grammes d'acide phénique pur. Après huit à dix minutes de séjour au bas de la cloche, les vers sont morts dans des convulsions indescriptibles.

Dans les mêmes circonstances, des mouches ont vécu vingt-cinq à trente minutes.

Les phylloxéras ont vécu deux heures dans ce milieu.

Cyanhydrate d'ammoniaque en solution, au titre 1,61 0/0. — Deux gouttes déposées au fond d'un vase de un litre de capacité : vingt-cinq à trente phylloxéras sont tués en une minute et vingt-cinq secondes.

§ 6. — **Expériences par arrosement.**

Sulfocyanhydrate d'ammoniaque ou Sulfocyanure d'ammonium.

1ᵉʳ vase { Sulfocyanure, 10 centimètres cubes d'une solution à 1 0/0. Eau, 160 centimètres cubes, employés en arrosement.

Après trois jours de contact, les racines qui ont été enfouies dans quatre ou cinq kilos de terre sont examinées. Les phylloxéras ont été détruits dans la proportion de 50 0/0.

2ᵉ vase { Sulfocyanure 30 centimètres cubes d'une solution 1 0/0. Eau, 140 centimètres cubes.

25 à 30 phylloxéras, 1 seul vivant.

3ᵉ vase { Sulfocyanure, 30 centimètres cubes d'une solution à 1 0/0. Eau, 150 centimètres cubes.

Tous les insectes sont morts; les œufs sont décomposés.

4ᵉ vase { Sulfocyanure, 40 centimètres cubes d'une solution à 1 0/0. Eau, 160 centimètres cubes.

Mêmes contestations que pour le 3ᵉ vase.

Phénates (*Toujours par arrosement, comme dans l'expérience précédente*).

1ᵉʳ vase { Phénate de soude, 5 centimètres cubes.
{ Eau, 100 centimètres cubes.

Après 3 jours les phylloxéras ont encore un peu de couleur, mais ils sont tous morts.

2ᵉ vase { Phénate de soude, 10 centimères cubes.
{ Eau, 100 centimètres cubes.

Les racines enfouies dans ce vase pouvaient porter de 3 à 400 phylloxéras. Après trois jours, pas un seul n'est vivant. Les œufs sont décomposés et ont, ainsi que les insectes, une teinte plombeuse.

3ᵉ vase { Phénate de soude, 20 centimètres cubes.
{ Eau, 100 centimètres cubes.

Tous les phylloxéras sont morts et déjà *noirs*, ainsi que les œufs, en trois jours.

Nota. — *Ces expériences par arrosement ne sont que des moyens d'étude, et non des applications à réaliser pratiquement, mais elles montrent les résultats qu'il est permis d'attendre des produits mentionnés ici.*

§ 7. — Expériences en pleine terre
par insufflations

Dans quatre caisses de même volume (0 mètre cube 50), et pleines de terre, on a placé au hasard, et environ au tiers de la hauteur de la caisse, des racines phylloxérées, et on a pratiqué de quatre à six insufflations, à l'aide des appareils que nous venons de décrire.

1re caisse. — L'appareil a été chargé avec :

Huile lourde de houille.	100 gr.
Huile de goudron de bois.	100
	200 gr.

2e caisse. — L'appareil a été chargé avec :

Huile lourde de houille.	65 gr.
Huile de goudron de bois.	65
Pétrole.	65
	195 gr.

3e caisse. — L'appareil a été chargé avec :

Acide pyroligneux.	65 gr.
Huile de houille.	65
Huile de bois.	65
	195 gr.

4ᵉ caisse. — L'appareil a été chargé avec :

Acide pyroligneux. . . . .   60 gr.
Huile de houille.   65
Huile de bois.   65
Sulfure de carbone.   5
                                        ————
                                        195 gr.

Trente-six heures après les opérations ci-dessus, on a procédé aux constatations. On a prélevé dans la caisse numéro 1, une première racine. Malgré leur couleur jaune, tous les phylloxéras étaient morts.

2ᵉ caisse. — Une racine a été explorée, tous les phylloxéras ont été examinés. La décomposition de ceux-ci est commencée, car ils ont déjà une teinte plombeuse.

3ᵉ caisse. — Mêmes constatations. Tous les insectes sont morts.

4ᵉ caisse. — Il a été prélevé deux racines ; impossible de trouver un insecte donnant quelques signes de vie, sur 95 à 100 environ.

Trois jours après, on a refait les mêmes constatations sur les autres racines ; tous les phylloxéras sont noirs et désorganisés.

Dans une cinquième caisse, on a fait dégager de *l'acide cyanhydrique* en faisant réagir, dans l'appareil, l'acide pyroligneux sur une dissolution de cyanure de potassium, dans les conditions que nous avons indiquées page 62.

Acide pyroligneux. . . . .   100 gr.
Cyanure.   4
Eau.   100

                    5.

Les vapeurs sentent fortement l'acide cyanhydrique. Deux jours après les racines sont examinées : tous les phylloxéras sont morts.

Pour juger de l'action de durée des produits insufflés dans les caisses 1, 2, 3, 4, on a laissé celles-ci en plein air et à la pluie pendant deux mois. Après ce temps, on a enfoui au hasard dans ces caisses des racines phylloxérées.

Au bout de cinq jours on pouvait constater la mort des insectes dans les caisses traitées avec les mélanges 1, 2, 3, 4. L'odeur persiste encore, surtout dans les couches inférieures des caisses, les eaux pluviales ayant déplacé les produits.

Toutes ces expériences ont leur valeur au point de vue de l'étude, parce qu'elles font avancer la question et qu'elles montrent surtout que si certains produits dont la puissance toxique est foudroyante comme celle de l'acide cyanhydrique et du cyanhydrate d'ammoniaque, lorsqu'on opère dans une atmosphère confinée, il n'en est pas tout à fait de même au contact de la terre arable, en raison de la résistance insuffisante des composés chimiques !

Peut-être est-il encore permis de concevoir quelques espérances avec le sulfocyanhydrate d'ammoniaque et l'acide cyanhydrique. Nous y reviendrons.

Il serait intéressant de pouvoir réaliser ces espérances, puisque ces produits sont azotés, qu'ils agiraient comme engrais, et en payant, par conséquent, une partie de leur valeur.

Malheureusement l'action de ces composés n'est pas assez prolongée, tandis que celle des produits pyrogénés et empyreumatiques est beaucoup plus persistante, ainsi que nous allons le voir dans quelques instants.

Quoi qu'il en soit, un fait capital est bien acquis dès maintenant, c'est que l'appareil insufflateur que nous venons de décrire permet de faire agir les vapeurs et les gaz les plus mortels, de les vaporiser et de les diffuser dans le sol en les réduisant à l'infini. Ce n'est pas tout de trouver des substances qui tuent, il faut encore les diviser et les répartir économiquement dans les couches souterraines, et ce n'est pas le plus facile.

Pour toutes ces recherches, comme pour chacun de ces résultats, nous devons beaucoup à notre jeune préparateur et ami, M. G. Simonin. Il n'a pas seulement mis là tout son travail, mais bien tout son dévouement, toute son intelligence et tout son cœur. C'est bien bon d'être juste, mais dans de telles circonstances on est heureux aussi de pouvoir montrer à de jeunes hommes pleins de courage comment on monte à l'assaut d'une question quand on a soi-même pour Général en chef l'amour de l'utile et le culte du bien.

§ 8. — Applications pratiques.

Après avoir indiqué l'idée et les moyens d'exécution, il ne nous reste plus qu'à en prouver la valeur en montrant les applications pratiques et les résultats obtenus.

Le 1ᵉʳ décembre 1874, différents viticulteurs des Charentes étaient réunis au château de Mongaugé afin de faire des constatations dans le champ d'expériences sur lequel nous venions d'opérer depuis quelques mois.

Étaient présents :

MM.

LEMBEZAT, l'un des Inspecteurs généraux de l'Agriculture ;
DU PEYRAT, adjoint à l'inspection générale de l'Agriculture ;
MENUDIER, docteur-médecin, vice-président du Comice agricole de la Charente-Inférieure ;
LAMBERT, notaire à Saintes, membre du Comice agricole ;
MÉRIOT, propriétaire à la Jard, membre du Comice agricole ;
CHAUSSEROUGE, propriétaire à Colombier, membre du Comice agricole ;
DE BONNEGENS, propriétaire, maire de Sigogne ;
DE LA BARDONNIE, propriétaire à la Cantinerie ;
DUPUY (Jules), propriétaire, négociant à Cognac ;
DE LAÂGE (Hippolyte), propriétaire à Saintes ;
DE BONSONGE (Henri), propriétaire à Saintes ;
A. DE BRÉTINAULT DE MÉRÉ, propriétaire à la Boucanderie ;
FOUCAUD, géomètre-expert à Saint-Sauvan ;
SICARD (Frédéric), propriétaire à la Coinche, près Cognac ;
BOUHARD, notaire à Chérac ;
DE LAÂGE DE SALUCES, propriétaire à Mongaugé ;
FELLMANN, curé de Chérac.

Un procès-verbal a été dressé à la suite de cette visite. Il constate qu'après un court exposé de M. Rohart « les personnes présentes se sont transportées sur une vigne atteinte du phylloxéra, *ainsi reconnue par tous*, où l'on a improvisé en plein air un fourneau pour le chauffage des mandrins nécessaires à l'opération. »

« L'appareil décrit par M. Rohart est très-simple ; il est du poids de 14 à 15 kilogrammes environ, et d'un maniement très-facile. Les tubes d'insufflation sont mobiles, ils se dévissent, et leur longueur varie suivant la profondeur de chaque terre.

« Le poids de l'appareil suffit pour l'enfoncer dans le sol. La vaporisation de 200 grammes d'eau à l'air libre a été instantanée. La force de projection de la vapeur est très-grande, et cette dernière sort presque froide de l'appareil, ainsi que chacun de nous a pu s'en convaincre en tâtant d'abord avec la main.

« L'opération faite sur divers ceps, devant les sus-nommés, a eu lieu avec l'acide pyroligneux mélangé d'acide phénique brut. Un thermomètre spécial, enfoncé dans le sol au plus près du tuyau d'insufflation, n'a indiqué que 1/2 degré au-dessus de la température souterraine.

« Pour faciliter l'entrée des vapeurs dans la terre, un *léger* soulèvement des ceps a eu lieu au moyen d'un instrument de levage, de manière à produire tout à la fois une aspiration souterraine, parallèlement aux racines, et une pénétration plus grande par insufflation.

« Malgré les pluies abondantes de la veille, qui ont donné au sol une certaine compacité, il a été constaté que, pendant l'insufflation, la pénétration des vapeurs s'est faite parallèlement aux racines, jusqu'à 30 à 40 centimètres du point central.

« Chaque cep a reçu, en deux fois, 400 grammes d'acide pyroligneux avec lesquels on a fait ainsi, en quelques minutes, six insufflations autour de chaque cep traité.

« Chacun étant suffisamment éclairé sur ce premier point, a demandé à faire des constatations sur le champ d'expériences.

« Trente et une rangées de 8 ceps chacune avaient été opérées pendant la période des essais comparatifs, soit 248 ceps.

« M. Rohart fournit à MM. Lembezat, du Peyrat et Meunier les renseignements demandés ; un plan indicateur est produit et fournit les données suivantes.

1re rangée............ Goudron de houille.

2e et 3e rangée...... Sulfure de calcium et superphosphate de chaux.

4e rangée............ Rien.

5e, 6e, 7e, 8e, 9e et 10e r. Huiles lourdes de goudron de houille.

11e et 12e rangée..... Naphtaline brute.

13e rangée............ Carbonate d'ammoniaque

14e rangée............ Huile verte de l'épuration du pétrole.

15e rangée............ Acide pyroligneux de l'industrie.

16e rangée............ Acide phénique brut.

17e, 18e et 19e rangée. Eau et acide phénique brut.

20e, 21e, 22e et 23e r.. Eau et acide phénique brut en proportions variables.

24e, 25e, 26e et 27e r.. Eau et 5 p. % acide phénique cristallisé.

28e et 29e rangée..... Acide pyroligneux et acide chlorhydrique.

30e rangée............ Eau et acide phénique brut.

31e rangée............ Eau et goudron de bois.

32e rangée et suivantes. *Rien.*

« La terre de chaque rangée ayant été fouillée à la pioche, on a constaté la persistance de l'odeur dans la terre opérée depuis trois semaines et un mois.

« La vérification, continuée en grande partie sur les trente rangées, donne les mêmes résultats, notamment partout où les produits pyrogénés ont été employés. Cependant la persistance de l'odeur paraît moins accusée là où l'acide pyroligneux a été employé seul. M. Rohart répond que cela tient surtout à la composition insuffisante de l'acide pyroligneux du commerce, par les raisons qu'il a exposées, mais qu'il en fera fabriquer spécialement pour ce travail, afin d'opérer régulièrement, au printemps prochain, sur tout le domaine de Mongaugé, si gravement compromis.

« Sur la demande de M. Lembezat, la terre a été fouillée à 40 centimètres, environ, autour des ceps, c'est-à-dire dans un rayon de 80 centimètres à 1 mètre, et il a été constaté, à peu près partout, que l'odeur est manifeste, bien qu'accusée moins fortement que dans le voisinage immédiat de chaque cep.

« De ce qui précède les soussignés concluent :

« 1° La production instantanée de vapeurs abondantes au moyen d'un instrument facile à manœuvrer ;

« 2° Pas d'élévation de température autour des ceps ;

« 3° Pénétration facile dans le sens horizontal ;

« 4° Résistance des produits contre les actions décomposantes du sol ;

« 5° Action de durée par conséquent, et diffusion certaine dans la masse de terre. »

Et ont signé au procès-verbal : MM. Menudier, Lambert, Bouhard, Follmann, Chausserouge, Mériot, Henri de Bonsonge, F. Sicard, de Brétinault, J. Dupuis, de Bonnegens, de la Bardonnie, de Laâge de Saluces.

Les conclusions de ce rapport portent sur cinq points bien constatés qui ont chacun leur importance, mais ceux qui méritent de fixer davantage l'attention sont la résistance des produits contre les actions décomposantes du sol, leur effet de durée, par conséquent, et aussi la diffusion certaine de ces produits dans la masse de terre.

Ces faits se passaient en décembre 1874, c'est-à-dire six semaines environ après la fin des opérations, et le sol restait très-fortement imprégné des produits que l'on avait fait agir. Nous insistons sur ces premiers résultats, parce qu'ils marquent un point de la question qui est tout à fait capital. L'effet de durée est ici l'équivalent de ce qui se passe dans la submersion, dont le succès n'est certain que parce que l'action peut être prolongée à volonté. N'oublions pas cela. C'est là, d'ailleurs, la raison qui nous a déterminé à provoquer ces premières constatations, sans nous préoccuper encore de l'insecte, parce que nous savions bien que le moment n'était pas venu, et qu'il n'y avait qu'à attendre patiemment, ainsi que l'ont démontré les faits qui se sont passés depuis, et que nous allons examiner.

Afin de faire bien comprendre les causes de cette durée d'action des produits, ainsi que leur diffusion dans le sol, nous devons ajouter qu'à Mongaugé l'épaisseur moyenne de la couche arable est de 0 mètre 25 environ ; elle représente, par conséquent, 2,500 mètres cubes par hectare. Le poids moyen de ce mètre cube étant de 1,700 kil., on agit donc sur une masse de 4,250,000 kil. En négligeant les fractions, on arrive à cette conclusion, chiffrée assez exactement, que par le travail dont il s'agit *chaque kilogramme de terre reçoit un litre de vapeurs toxiques.*

Quant à la diffusion, elle est principalement l'œuvre du temps, mais les eaux pluviales y contribuent dans une large mesure ; elles agissent par déplacements successifs, ainsi que nous nous en sommes assuré, bien souvent, et finalement elles envoient jusque dans les profondeurs du sol, les produits insufflés à la surface.

Deux mois après ces premières constatations, nous demandions à M. De Laûge si cette action de durée se prolongeait toujours, et voici sa réponse à la date du 30 janvier 1875 :

« Nous venons de faire avec soin la révision de votre champ d'expériences, et en quelque endroit que nous ayons fait fouiller, la terre est encore fortement empreinte des odeurs que lui ont communiquées les différentes matières dont vous vous êtes servi.

« Étant sous le vent, à 4 mètres de distance, lorsqu'on

fouille la terre, l'odeur est toujours très-sensible. C'est un fait acquis que tout le monde peut constater. Il suffit de rompre le dessus de la terre pour retrouver l'odeur. »

Un peu plus tard, nous insistons à nouveau, en priant M. le curé de Chérac, attaché par dévouement à ces opérations, dans l'intérêt de ceux de ses malheureux paroissiens qu'un réel danger menace, de vouloir bien nous donner son concours, et voici les nouveaux témoignages qui nous parvenaient les 2 et 7 février, c'est-à-dire trois mois au moins après que les opérations avaient cessé :

« J'ai de nouveau vérifié, sur vos instances, à peu près partout, et ai constaté, une fois de plus, que l'odeur que j'avais ressentie, à *quatre mètres* de distance, sous un fort vent du nord, est toujours aussi persistante, tant à la surface de la terre que plus profondément.

« Du reste, en reconstatant à nouveau, avec M. le curé, dans quelques jours, ainsi que vous le désirez, nous mettrons des racines en bouteilles, et de la terre également, et vous pourrez faire constater que la terre de Mongaugé est encore imprégnée fortement de toutes les substances qui vous ont servi en octobre et novembre dernier. Je ne crois pas que ces odeurs disparaissent de sitôt, car elles sont bien tenaces, malgré l'abondance des pluies et des neiges de ces derniers temps, et cela est du meilleur augure.

« Maintenant que j'ai bien vu, je reste persuadé que le phylloxéra n'est plus à craindre, grâce à vos efforts persévérants, et je compte sur vous dès les premiers jours du printemps pour avoir raison du petit monstre que vous avez si bien nommé le meurtrier de la vigne.

« A. DE LAAGE. »

Voici d'autres faits constatés le 7 février, par M. le curé de Chérac, sur la persistance des produits dans la terre du champ opéré :

« J'ai visité, creusé et fait creuser le terrain soumis à vos expériences ; j'ai constaté que l'odeur persiste et qu'elle est très-forte, par exemple au rang nº 5 ; au premier coup de bêche l'odeur se répandait si fortement que, placé à 3 ou 4 mètres de là, j'étais averti que le sol était ouvert.

« J'ai cependant trouvé très-peu d'odeur au nº 3 et aussi au nº 25.

« Quant au phylloxéra et à sa destruction, je n'ai pu avoir de renseignements assez précis, manquant d'instruments et surtout de loupe assez forte ; aussi j'ai rempli deux bouteilles que je vous envoie aujourd'hui par le train de 9 heures du matin. Ces deux bouteilles contiennent de la terre et des racines que vous pourrez faire examiner.

« La bouteille *cannelée* renferme de la terre et des racines prises et arrachées des nº 5 à 10.

« La bouteille *unie* contient des racines et de la terre des nºˢ 20 à 31.

« J'ai pensé qu'il vous serait agréable de juger par vous-même.

« FELLMANN. »

Les échantillons dont il est parlé ici ont été présentés par nous à la section de viticulture de la Société des Agriculteurs de France, où chacun a pu vérifier l'exactitude de ces faits. Afin de consigner ici un fait d'observation qui peut paraître insignifiant dans la forme, mais qui a son importance au fond, ainsi que nous le verrons bientôt, disons que l'odeur a diminué assez rapidement dans l'atmosphère *chauffée* du laboratoire, bien que les flacons fussent parfaitement bouchés. Nous allons y revenir.

En ce qui concerne l'insecte, nous n'avons retrouvé, Madame Robart et moi, aucune trace de phylloxéra sur les racines contenues dans les bouteilles, bien qu'il ait été constaté, par trente personne présentes lors de la visite à Mongaugé, que tous les ceps étaient fortement phylloxérés. Mais voulant avoir des preuves certaines, des racines recouvertes d'insectes vivants ont été enfouies dans cette terre, en même temps que d'autres racines étaient enfouies également dans de la terre non opérée. Quelques jours après il n'y avait plus que des cadavres de phylloxéras dans la terre traitée pratiquement en plein champ, tandis que les phylloxéras de la terre non opérée étaient parfaitement vivants. La même opération a été répétée depuis, dans des caisses cubiques contenant 50 kil. de terre environ, et les résultats ont été les mêmes dans les deux cas.

Ici se place une question dont l'importance n'a échappé à personne, et surtout à MM. Princeteau et Ramat, qui l'ont formulée ainsi dans leur intéressante brochure : « Quelle sera l'influence des matières employées sur le goût des vins ? »

Nous n'avons rien à dissimuler, et nous ajoutons, sans la moindre hésitation, que deux savants distingués, M. Girard et M. Boutin, ont fait les mêmes réserves.

Il faut attendre le verdict de l'expérience pour prononcer définitivement, et il ne se fera pas trop désirer, car les raisins provenant du champ sur lequel nous avons opéré, ont été recueillis et pressurés à part, suivant la parole réitérée de M. de Laâge, et le vin en provenant sera soumis à des analyses minutieuses, ainsi que l'ont promis MM. Girard et Boutin, sans préjudice de la dégustation à laquelle il sera procédé régulièrement par des dégustateurs jurés.

Quels que soient les résultats de ces constatations, nous les publierons. Il faut que la lumière se fasse, pleine et entière, et elle se fera. Nous ne voulons et nous ne cherchons que la vérité.

Cette question n'est pas neuve pour nous ; elle nous a été adressée, pour la première fois, dès le mois de mai de cette année, par un planteur de houblon qui demandait si la destruction des taupes-grillons, par les moyens que nous venons d'indiquer, n'aurait pas une influence sur le bouquet si délicat du houblon. Voici la réponse (*Journal d'agriculture pratique* du 20 mai 1875, p. 659).

« Si l'infection du sol devait durer longtemps, c'est-à-dire pendant toute la période de végétation et de fructification, il y aurait *peut-être* à craindre que le bouquet du houblon s'en ressentît ; mais cela nous paraît hors de toute probabilité, et en voici les raisons. Le sol agit, bien réellement, comme un comburant énergique à l'égard de toutes les odeurs, car il les brûle, absolument comme le ferait un foyer, et il agit d'autant plus énergiquement, de cette façon, que sa température est plus élevée. En hiver, l'action comburante sera ralentie ; en été elle sera accélérée et proportionnelle à la température de la masse, c'est certain ; or il suffit d'une durée de deux ou trois mois d'hiver pour tuer sûrement le phylloxéra dans le sol. Par conséquent, en opérant à cette époque on n'a pas à craindre, croyons-nous, l'influence de ces odeurs sur des récoltes qui ne viennent que six mois plus tard. En tous cas, les expériences de cette année vont décider souverainement. »

Les viticulteurs ont bien raison de se préoccuper de la question du bouquet des vins, mais en attendant les constatations qui vont avoir lieu, nous n'avons pas d'inquiétude à ce sujet, parce que les raisons que nous venons de donner ont été confirmées depuis, expérimentalement. Par conséquent, ce ne sont plus là des opinions, mais des faits vérifiés. C'est ainsi que, comme nous venons de le mentionner en passant, la terre expédiée en flacon, en février, par M. le curé de Chérac, a rapidement perdu son odeur, bien que tenue à l'abri du contact de l'air, mais placée dans un milieu où la température moyenne oscillait entre 15 et 22 degrés.

De même encore, et comme confirmation pratique de ces faits, la terre de Mongaugé que nous avons fait remuer, dans les derniers jours du mois de mai, sur tous les points de sa surface, n'accusait déjà plus qu'une très-faible odeur. Celle-ci a été sans cesse en diminuant, à partir de cette dernière date, et dans le courant de juin on la retrouvait à peine. Donc, l'action comburante du sol a été très-peu active pendant les mois d'hiver, puisque en février les odeurs étaient presque aussi développées qu'en décembre, tandis que ces odeurs ont été comburées par le sol, assez rapidement, à partir du mois de mai, c'est-à-dire alors que la température de la masse de terre s'échauffait davantage.

Voilà des faits utiles à constater, et on pourra les vérifier facilement. Ils démontrent qu'étant donnée une fumure à base de fumiers ou d'engrais à odeur pénétrante, et employée à l'automne, les odeurs sont réellement comburées par le sol avant la période de floraison et de fructification de la vigne. Donc, on n'a pas tant à craindre qu'on le supposé généralement, l'influence des fumures sur le bouquet des vins. D'ailleurs, rien n'est plus facile que de s'en assurer, et nous donnerons volontiers notre concours, quand on voudra, pour de sérieuses constatations expérimentales dans cette direction, parce que ce serait rendre service à la viticulture (*).

§ 9. — Résultats obtenus.

Nous touchons aux résultats utiles, mais nous nous garderons bien d'anticiper sur les conclusions définitives.

Laissons d'abord la parole à la partie intéressée, à M. de Laâge de Saluces, viticulteur de profession, chez lequel nous avons opéré, et qui dira, avec plus d'autorité et de compétence que qui que ce soit, ce qui s'est passé chez lui et ce qui a été constaté régulièrement.

(*) Au moment du tirage de ce volume, nous recevons de M. de Laâge une lettre du 23 octobre, de laquelle nous extrayons les passages suivants :

« J'ai pu faire déguster plusieurs fois, par quelques proprié-
« taires de mes voisins, et par un négociant, les trois tonnes
« faites spécialement avec le vin des vignes que vous avez trai-
« tées. Tous ont été unanimes et ont déclaré qu'il est impossible
« de trouver aucune différence avec l'autre vin que j'ai dans mes
« chais, et qui provient de vignes non traitées et non malades. »

Malgré la certitude de ces résultats, nous les ferons contrôler par des dégustateurs jurés, et nous en rendrons compte au plus tôt.

A Monsieur le Ministre de l'Agriculture et du Commerce,
Paris.

MONSIEUR LE MINISTRE,

J'ai l'honneur de porter à votre connaissance les heureux résultats obtenus sur ma terre de Mongaugé, par M. F. Robart, dans sa campagne contre le phylloxéra. Ces résultats, qui méritent une grande attention, ont été constatés par plusieurs délégués de l'Académie des sciences, comme je vais avoir l'honneur de vous l'expliquer.

A la suite des opérations d'essais faites l'automne dernier par M. F. Robart, j'ai pu constater, au printemps de cette année, que les vignes opérées ont commencé à pousser quinze jours avant les autres, et qu'elles ont constamment montré une végétation splendide.

Le 26 mai dernier, MM. M. Girard et Boutin, délégués de l'Académie des sciences, constataient officiellement les bons effets produits sur ce champ d'expériences. Les premiers rangs, reconnus pour avoir été traités avec des substances inefficaces, avaient encore du phylloxéra, et étaient d'une végétation languissante ; mais arrivés aux rangs traités avec les produits employés par M. Robart, et malgré une inspection très-attentive des racines pendant près de cinq heures, MM. M. Girard et Boutin ne purent reconnaître la présence d'un seul phylloxéra, ainsi que le faisait pressentir d'ailleurs une luxuriante végétation.

Ces messieurs constataient également que sur la plupart des racines extraites du sol, on retrouvait du chevelu ou radicules de formation récente, et, en outre, l'épiderme des racines présentait fréquemment des surfaces lisses et brillantes, qui sont aussi l'indice d'un état sanitaire satisfaisant.

L'examen des racines les plus pivotantes donna constamment les mêmes résultats. Quant aux racines traçantes, Messieurs les délégués en firent lever en différents endroits qui avaient de $0^m,80$ à $1^m,20$ de long, et même 2 mètres, toujours de manière à conserver, autant que possible, le système radiculaire, et, même dans ces conditions, il a été impossible de retrouver un seul phylloxéra.

Le 3 juin, M. Mouillefert, délégué de l'Académie des sciences, et M. Truchot, professeur à l'Académie de Clermont, constataient d'une manière aussi sérieuse les essais très-concluants de M. Rohart.

Les rangs traités avec les différents produits pyrogénés mis en œuvre, dont l'emploi est devenu définitif, n'ont plus de phylloxéras. Le 13e rang, traité avec le carbonate d'ammoniaque, a été, comme lors de l'inspection de MM. M. Girard et Boutin, trouvé couvert de phylloxéras à tous les ceps.

Une nouvelle constatation a été faite depuis, par les soins très-assidus de M. Mouillefert, aux rangs 12 et 14, mais sans donner trace aucune de l'insecte. Donc le 13e rang seul, traité avec un produit sans action, est encore malade.

Mais il y a plus, Monsieur le Ministre : à l'automne dernier, les opérations de M. Rohart s'étaient arrêtées au 31e rang ; jusque-là, en effet, depuis le 14e, on n'a retrouvé aucun insecte, et, en même temps, de nombreux chevelus se formèrent partout : mais le 32e rang reste toujours couvert de phylloxéras comme à l'automne. M. Mouillefert l'a constaté lui-même.

Ainsi l'insecte a été détruit complètement, et non-seulement la vigne n'a pas souffert des produits employés, mais elle manifeste une grande vigueur de végétation qui contraste singulièrement à côté des ceps non opérés qui ne sont que chétifs et rabougris.

Un fait important à consigner ici, c'est que les ceps traités n'ont reçu aucune espèce de fumure, et qu'ils sont sauvés sans que le sol ait pu même recevoir les façons ordinaires.

Avant de terminer leurs constatations, MM. M. Girard et Boutin, et plus tard MM. Mouillefert et Truchot, ont vu pratiquer l'opération dans l'une des pièces les plus phylloxérées du vignoble de Mongaugé. Le travail était des plus difficiles, parce que l'absence des pluies avait durci le sol au point de rendre tout labour impossible, et que la terre était devenue à peu près impénétrable, sans parler des difficultés résultant d'un feuillage très-développé, et surtout du commencement de la floraison. Malgré ces mauvaises conditions et ces obstacles, MM. les délégués n'ont pu constater que la présence des cadavres des phylloxéras sur des ceps traités depuis huit jours seulement. Ces résultats ont été obtenus à l'aide de différents produits industriels parfaitement connus et coûtant, en moyenne, 10 fr. les 100 kilos.

Depuis lors, MM. M. Girard et Boutin, reconnaissant la valeur des travaux de M. Robart, et justement persuadés que leurs bons résultats doivent avoir une grande importance pour l'avenir, sont venus me demander de revenir à l'automne faire de nouvelles constatations, avec d'autant plus d'assurance que la réussite leur semblait devoir être inévitable. M. Mouillefert, lui aussi, doit revenir ; car si les sulfocarbonates demandent de l'eau, affirmait-il, les opérations de M. Robart seront privilégiées pour les terrains secs et les nombreuses contrées qui manquent absolument d'eau.

Tels sont les faits sérieux et très-importants que je tenais à soumettre à l'appréciation de Votre Excellence.

Veuillez recevoir, Monsieur le Ministre, etc.

Signé : DE LAÂGE DE SALUCES,
Propriétaire-Viticulteur.

Château de Mougougé, commune de Chérac (Charente-Inférieure).
Le 22 juin 1875.

Un fait agricole qui a son importance, et qui est consigné dans ce rapport, mérite d'être examiné. M. de Laâge constate que « les ceps traités n'ont reçu aucune espèce de fumure, et qu'ils sont sauvés sans que le sol ait pu même recevoir les façons ordinaires. » Cela mérite attention.

La vérité est que l'état des ceps opérés indiquait, au mois de mai, une végétation surprenante, comparativement aux corps non traités, ainsi que l'indiquent les fig. 13 et 14.

La mort de l'insecte a été pour beaucoup dans ce résultat, puisque la vigne a pu refaire librement des racines, mais il est extrêmement probable que ce n'est pas là la seule cause. Nous avons cherché à nous l'expliquer, et voici ce que nous croyons bien fermement.

Fig. 13. — Ceps opérés (État au 20 mai 1875, d'après les photographies de M. G. Simonin.

L'acide pyroligneux employé dans nos opérations réagit, par l'acide acétique qu'il renferme, sur les matériaux du sol ; il attaque les carbonates calcaires, peu solubles, et en fait des acétates très-solubles qui sont immédiatement assimilables par la plante. Il en est de même sans doute avec les

phosphates calcaires peu solubles, qui sont trans-
formés en biphosphates très-solubles et immédiatement assimilables.

N'oublions pas non plus que les produits carbonés insufflés dans le sol sont comburés, qu'il y
a, dès lors, production de chaleur comme dans
toutes les combustions, ainsi que cela se passe avec
le fumier, le terreau et l'humus, et qu'en même

Fig. 14. — Ceps non opérés (État au 20 mai 1875, d'après les
photographies de M. G. Simonin).

temps il y a assimilation de carbone par la plante.
Sans doute, ce n'est qu'un aliment respiratoire pour
le végétal, mais enfin c'en est un, et il faut nécessairement en tenir compte.

Nous ne voyons pas d'autre explication plausible,
quand nous considérons que ces vignes avaient le

même bon aspect général et la même vigueur que si elles avaient été fumées à haute dose.

Il faut se bien garder cependant de voir là un moyen de fumure, puisqu'en réalité il n'y a eu aucun apport de matières fertilisantes, dans le sens rigoureux du mot. L'acide acétique n'a fait que mettre immédiatement à la disposition de la plante des matériaux accumulés qui sont les réserves de l'avenir, et auxquels il est sage de ne pas toucher, car les déceptions arriveraient bien vite, et elles pourraient coûter fort cher. Néanmoins, si le procédé se généralisait, il n'est pas douteux que les vignes en ressentiraient les meilleurs effets, car les produits carbonés remplissent ici une fonction physiologique tout à fait analogue à celle du terreau et de l'humus.

A la suite de ces premières opérations, il en a été pratiqué d'autres, à la demande du Comice agricole de Saintes, dans la partie la plus compromise du vignoble de Mongaugé. Les constatations de ces résultats ont eu lieu le 1er juillet dernier, en présence de plusieurs viticulteurs de la contrée. Sans vouloir préjuger en aucune façon ce qui pourra ressortir d'un nouvel examen, ni des conclusions que pourront formuler les délégués du Comice, voici en quelques mots le compte rendu que nous a adressé notre jeune préparateur au sujet des résultats constatés à la date du 1er juillet:

« Plus un seul phylloxéra sur les racines examinées hier... Nous avions comme délégués du Comice, MM. le docteur Ménudier, Izambard et Xambeu, professeurs au lycée de Saintes; MM. Sicard et Bouhard assistaient comme témoins.

« Malgré la pluie et la boue, nous avons pu prendre des racines sur cinq ceps, et nous sommes rentrés pour les examiner au microscope d'une manière très-attentive.

« *Après de minutieuses recherches, pendant deux heures, il n'a pas été trouvé un seul phylloxéra vivant, mais beaucoup de cadavres, tandis que sur les racines non opérées on retrouvait très-bien l'insecte vivant.* »

A quelques jours de là, M. de Laâge nous confirmait ces déclarations en nous écrivant : « Votre excellente réussite chez moi est un fait bien acquis et hors de toute contestation. »

Une nouvelle confirmation de ces faits, complétement inattendue, s'est produite le lendemain par l'arrivée de MM. Princeteau et Ramat à Mongaugé, ainsi que nous allons le prouver. C'est à la suite de cette visite, durant laquelle il a été procédé à de nouvelles vérifications par ces Messieurs, qu'ils ont rendu compte, dans leur brochure, de ce qu'ils avaient vu. On ne saurait donc méconnaître la valeur de tant de témoignages se confirmant et se contrôlant les uns par les autres.

Avant d'aller plus loin, faisons remarquer que, dans les expériences dont il s'agit, nous n'avons mis en œuvre que quelques-uns des produits sur lesquels il nous est possible d'opérer maintenant, grâce aux perfectionnements apportés dans la construction de l'appareil que nous venons d'indiquer. Nous avons ainsi augmenté nos moyens d'action, au point de vue de l'avenir, et nous avons dès à présent la certitude de pouvoir faire beaucoup plus désormais, notamment en faisant agir des quantités dosées de sulfure de carbone, préalablement incorporées dans les huiles essentielles employées à ces opérations, sans préjudice de tous les autres produits que nous venons de désigner, et que nous avons pu étudier depuis les dernières expériences de Mongaugé.

Afin de bien rendre notre pensée sur ce point, ajoutons que les moyens employés l'an dernier, comparativement à ceux que nous pouvons mettre en œuvre dès maintenant, sont dans le rapport de 50 à 200.

C'est tout simple : quand on travaille beaucoup on avance toujours, et il n'y a pas de meilleur moyen d'avancer.

L'avenir serait donc à réserver, au cas où ces premiers résultats laisseraient encore à désirer, puisque nous pouvons, aujourd'hui, beaucoup plus que nous ne pouvions hier.

Quoi qu'il en soit de ces faits, parfaitement véridiques, et surtout parfaitement constatés comme on vient de le voir, M. Mouillefert, délégué de l'Académie des sciences, les a méconnus. Nous y avons répondu parce que certaines appréciations, tout à fait personnelles à M. Mouillefert, nous y ont obligé, mais nous serions désolé d'être contraint à de nouveaux débats. D'ailleurs, c'est un peu la plaisante histoire de la paille et de l'œil du voisin, mais voici d'autres témoignages de la plus parfaite honorabilité, et des protestations assez accentuées pour que cela nous suffise. On comprendra que nous trouvant en présence d'une dénégation, *une seule*, nous ne pouvons évidemment que lui opposer des affirmations non suspectes. Au fond encore, ce n'est pas nous qui sommes en cause ici, c'est un intérêt public, et nous continuerons à le défendre, si besoin est, car nous n'avons été que le très-humble serviteur de la vérité.

MM. Princeteau et Ramat déclarent qu'ils sont allés à Mongaugé tout exprès « afin de se rendre compte par eux-mêmes de la valeur de nos affirmations ; qu'ils veulent simplement dire le résultat de leurs constatations. » Puis ils ajoutent : « M. Rohart a fait des expériences dans trois champs différents.... Sur les pieds opérés nous avons constaté :

« 1° Qu'il n'y avait plus un seul phylloxéra vivant ;

« 2° La reconstitution du système radiculaire ;

« 3° Dans la dernière partie opérée, surtout, le reverdissement des feuilles, et du fruit.

« Et en dernier lieu, comme point de comparaison, une quantité énorme de phylloxéras sur les pieds non opérés, immédiatement voisins de ceux opérés..... C'est sous toutes réserves d'expériences futures, dans des terrains plus compactes et plus profonds, que *nous affirmons le succès obtenu*. » Quand des praticiens de la viticulture s'expriment ainsi, c'est qu'évidemment il y a quelque chose, et que ce qu'ils ont vu ils l'ont bien vu.

Ajoutons encore que dans une communication faite à la Société centrale d'agriculture le 7 juillet dernier, M. Dumas s'est exprimé ainsi : « M. Ro-
« hart vient de prouver qu'avec le temps on arrive
« à constater des résultats. Son procédé, qui con-
« siste à insuffler dans le sol du vignoble de l'air
« chargé de vapeurs provenant du coaltar ou des
« divers composés plus ou moins volatils qui exis-
« tent dans le goudron, a produit *des effets qui pa-*
« *raissent bien certains*. Il y a deux choses que
« nous condamnons : c'est, d'une part, l'inertie des

« propriétaires qui, en présence d'un immense
« danger, attendent simplement en se croisant les
« bras et sans rien expérimenter ; c'est, d'autre
« part, la hâte de conclure avant d'avoir fait des
« expériences nombreuses et répétées dans des con-
« ditions variées. » — (*Moniteur scientifique* du
Dr Quesneville. Août 1875 (*).

Ces témoignages sont la confirmation des faits
relatés par M. de Laâge, dans sa lettre au ministre.

De son côté, M. Fellmann, curé de Chérac, qui a
suivi les expériences de Mongaugé, a protesté, dans
une lettre rendue publique, contre les dires de
M. Mouillefert. Après avoir rappelé les dénégations
de ce dernier, M. Fellmann ajoute : « Voilà qui est
trop fort ; je proteste énergiquement, au nom de la
vérité, contre cette assertion, parce que moi et beaucoup d'autres *avons vu le phylloxéra sur les ceps
en question.* » C'est ce que viennent d'affirmer également MM. Princeteau et Ramat.

En raison de l'intérêt attaché à la question, M. de
Laâge a dû intervenir aussi, en adressant au Ministre de l'agriculture et du commerce la protesta-
tion suivante :

(*) Puisque l'occasion s'en présente, nous sommes heureux de
rendre aussi un respectueux témoignage à la haute impartialité
de M. P. Thénard. Nous ne voulons pas nous prévaloir de ses
bonnes et bienveillantes paroles, mais la reconnaissance est
toujours un devoir.

« M. le baron Thénard dit que les travaux de M. Rohart
« honorent à la fois l'homme et la section à laquelle il appar-
« tient. L'orateur ajoute que depuis les expériences de M. Fau-
« con, rien de plus important n'avait été fait. M. le baron
« Thénard conclut à l'insertion du rapport de M. Rohart au
« procès-verbal de la séance. La proposition est adoptée. »
*Compte rendu des travaux de la Société des agriculteurs de
France*, tom. VI, Annuaire 1875.

Monsieur le Ministre,

J'ai eu l'honneur de vous adresser, le 25 juin dernier, un rapport sur les opérations faites par M. Robart, sur ma terre de Mongaugé, pour détruire le phylloxéra, et aussi sur le résultat des constatations faites par plusieurs délégués de l'Académie des sciences. Aujourd'hui, je me crois obligé de répondre à plusieurs assertions assez légères que je trouve dans le rapport du 29 juillet, de M. Mouillefert, mais en m'abstenant de discuter ce qu'il a qualifié « d'affirmations charlatanesques. »

Éloigné de chez moi, depuis le commencement de juillet, pour de graves raisons de santé, je ne suis que de retour, et n'ai pu satisfaire plus tôt à cette obligation.

Mon but n'est nullement de commencer une nouvelle discussion, je veux simplement protester, mais d'une manière très-énergique, contre l'assertion, hélas ! peu véridique, de M. Mouillefert. Je voudrais, comme lui, pouvoir dire que mes vignes n'avaient pas de phylloxéras ; j'affirme énergiquement le contraire, comme l'a fait déjà M. le curé de Chérac, et j'ai pour moi les nombreux témoignages des personnes les plus honorables et les plus éclairées, qui protestent, de leur côté, avec non moins d'énergie.

Je n'affirme que cela, Monsieur le Ministre, car la question scientifique ne m'appartient pas, mais je crois devoir accentuer à nouveau l'exactitude absolue de tous les faits et de tous les résultats que j'ai eu l'honneur de porter à votre connaissance. Comme résultat pratique, j'ajoute à cette affirmation qu'après deux mois d'absence je constate que les vignes, les dernières traitées par M. Robart, en temps inopportun, sans être encore d'une belle végétation, se sont bien maintenues, et les raisins qu'elles portent pourront recouvrer assez de force et de sève nouvelles pour mûrir, et me donner une récolte. Tandis qu'à côté, dans la même pièce, des ceps attaqués la même année et non traités, sont à peu près morts et ne donneront certainement aucune récolte, leurs grappes n'ayant pas même eu la force de fleurir. Ce ne sont donc pas là « des résultats nuls ou insignifiants » comme l'a dit M. Mouillefert.

Si un premier traitement fait dans de très-mauvaises conditions, donne déjà des résultats si sérieux et si certains, pourquoi un second traitement pratiqué au moment favorable, n'amènerait-il pas une guérison complète ? Je crois qu'on peut l'espérer sans se faire la moindre illusion, en raison des bons résultats obtenus jusqu'ici.

D'un autre côté, M. Mouillefert semble insinuer que M. Rohart, homme positif, a consenti à dépenser des sommes importantes pour opérer sur des ceps qui n'avaient pas de phylloxéras. Je m'étonne, M. le Ministre, de cette étrange supposition. Car enfin, quel avantage M. Rohart aurait-il pu retirer de ce commencement de réussite si contestée, lorsque plus tard il se serait trouvé en présence de vignes véritablement malades ?

C'est ce que je n'ai jamais pu m'expliquer !

Croyez, Monsieur le Ministre, etc.

A. DE LAÀGE DE SALUCES.

Mongaugé, 10 septembre 1875.

Maintenant que nous croyons avoir suffisamment réduit à néant les dénégations de M. Mouillefert, ajoutons qu'en aucune circonstance nous n'avons jamais eu besoin d'interprète pour dire la vérité à notre place. Si nous nous trompons, tout le monde le verra bien, mais nous pourrons du moins nous rendre ce tranquille témoignage que nous n'aurons tenté de tromper personne.

Ce qui est absolument certain, c'est que le champ

qui a servi aux expériences était infesté de phylloxéras à la fin de l'été 1874 ; qu'après le traitement, et jusque vers le 15 juin 1875, il a été impossible de trouver un seul phylloxéra vivant sur les ceps opérés ; mais qu'entre cette date et la fin de juillet, époque de la pullulation et des migrations souterraines, on a pu constater une *nouvelle* invasion de l'insecte sur quelques-uns des ceps traités (12 sur 64 qui ont été examinés).

Nous sommes maintenant bien convaincu que si au lieu d'opérer à Mongaugé à l'automne, nous n'avions procédé que trois mois plus tard, nous aurions singulièrement atténué ce retour offensif de l'ennemi. Il n'y a eu là qu'une question d'opportunité sur laquelle l'expérience pouvait seule prononcer, et l'expérience ne s'improvise pas. Nous en étions alors à la première application. Il s'est écoulé trop de temps entre l'automne et le mois de juin suivant, tandis que si on avait opéré en février, par exemple, il n'est pas douteux que c'eût été tout différent, parce que l'action toxique des produits aurait été prolongée d'autant à l'époque de la pullulation et des migrations de l'insecte.

D'ailleurs, ces invasions partielles sont, paraît-il, un fait général : « Les vignes submergées d'après les procédés de M. Faucon, quoique *complètement débarrassées de tous leurs phylloxéras* pendant l'hiver et au printemps, ont de nouveau quelques-uns de ces insectes sur leurs racines, dans le courant de l'été ». (D⁺ F. Cazalis, *Messager agricole du Midi*, 10 octobre 1875.)

Si le retour de l'insecte a été un fait certain, il n'infirme — *en aucune façon* — ce résultat capital qui résume tout : la vigne améliorée et la récolte assurée. Les mêmes faits se produisent, de la même façon et à la même époque, avec la submersion, mais celle-ci n'en donne pas moins, cependant, des résultats très-positifs et très-concluants. Donc on ne peut pas dire que les expériences de Mongaugé, qui ont été dans le même cas, se résument par « des résultats nuls ou insignifiants. »

Faisons remarquer aussi que la submersion s'étend librement, et sans dépense d'efforts corporels, sur d'assez grandes surfaces, dont le centre peut être éloigné des influences du voisinage, tandis que dans des essais qui se font à la main on n'agit que sur des surfaces très-limitées, à l'égard desquelles on ne peut éviter le contact presque immédiat des ceps voisins, puisqu'on opère au milieu du foyer. Malgré ces conditions si défavorables, desquelles on doit nécessairement tenir compte, l'opération faite à Mongaugé n'en a pas moins prouvé tout ce qu'elle pouvait prouver dans des circonstances semblables : résistance des produits aux actions décomposantes du sol ; effet de durée pendant cinq mois ; diffusion certaine des matières employées, et, finalement, disparition complète de l'insecte sur les ceps traités, confirmée par une végétation luxuriante et une récolte assurée. Où a-t-on obtenu, jusqu'ici, des résultats aussi nets ?...

Dans un volume qui traite spécialement du phylloxéra, M. Ladrey dit, à ce sujet : « Les mois de juillet et août ne sont pas favorables à des expériences de ce genre ; la vie de l'insecte est à ce moment trop active, et le mouvement considérable que cette opération nécessite dans les vignes expose

*à des chances nombreuses d'infection pour le voisi-
nage. »*

Le même fait s'est produit également dans les premières expériences de M. Monestier, et à défaut d'être allé au fond des choses, on a peut-être passé à côté d'une solution, ou au moins d'une heureuse idée, sans l'apercevoir, tout en décourageant un chercheur pour lequel il n'était besoin que d'un peu de patience.

Il faut bien constater, non sans regrets patriotiquement ressentis, que dans les questions les plus sérieuses, voir même celles qui touchent à nos intérêts les plus directs, nous procédons bien souvent par voie d'exécution sommaire, sans prendre la peine d'examiner attentivement. Nous condamnons avec empressement, sur un simple dire, ou d'après une opinion intéressée, avant d'avoir réellement jugé.

Au fond, en ce qui nous concerne, doit-on être surpris d'un fait qui n'a été qu'un accident, et qui bientôt n'aura été qu'un incident ? Qu'y a-t-il donc là de si extraordinaire ? Exagérer les choses est besogne facile, mais il sera toujours plus utile de faire avancer la question, de l'éclairer un peu, et surtout de rechercher et d'indiquer de bonnes solutions. C'est là qu'est l'urgence, et aussi le devoir.

Est-ce une influence de contact, de voisinage, qui a causé cette nouvelle invasion ? Ou bien des œufs ont-ils échappé, comme dans la submersion, à l'opération qui n'a encore été pratiquée qu'une seule fois ? On ne saurait le dire, quant à présent, mais l'esprit se rend parfaitement compte de l'influence de ces deux causes, car elles ont pu agir l'une et l'autre. En tous cas, il s'est produit là un fait que l'on pourrait, sans exagération, qualifier de normal, car on comprend que ces expériences faites sur quelques centaines de ceps seulement, au milieu d'un immense foyer phylloxérique, exposent forcément, fatalement, à des accidents de cette nature, car il n'est guère possible d'opérer dans de plus mauvaises conditions. N'oublions pas que les deux extrémités du champ n'avaient pas été opérées (afin de pouvoir comparer), pas plus que le rang 13, situé presque au milieu. Qu'en outre, les produits et les appareils employés laissaient à désirer, comme dans tous les débuts, mais que, néanmoins, de bons résultats ont été obtenus. L'insecte a été détruit, c'est bien certain ; les influences de milieu, qui ne sont ici que des causes accidentelles, lui ont permis de revenir. Voilà la vérité entière, complète, sincère. Pourra-t-on, dans l'avenir, obvier à cela ? Nous répondons OUI, en toute sincérité de conscience et de conviction, et nous allons le prouver.

Quoi qu'il en soit, si ces faits montrent combien la question est difficile, ils prouvent également la nécessité de scruter les faits, de se raidir contre les découragements, et de faire des efforts persévérants, afin de se garer contre les chances d'accidents. C'est ce que nous avons fait, et nous allons indiquer comment nous comptons y parer, mais faisons remarquer, en terminant, combien l'urgence d'une action prolongée, très-prolongée, apparaît ici, comme cette autre nécessité d'opérer sur des surfaces un peu étendues, et en les isolant des foyers voisins au moyen de circonvallations pouvant former des lignes de défense, infranchissables par l'ennemi, ainsi que nous allons le faire à Montpellier sur les trois hectares que M. le ministre de l'Agriculture a bien voulu mettre à notre disposition, mais sur lesquels nous n'opérerons qu'après les plus grands froids, et non à l'automne, puisque nous reconnaissons qu'il est nécessaire de ne procéder que dès le printemps, afin que l'action des produits employés se prolonge durant les saisons chaudes. On ne prend pas deux fois un lièvre au même piége.

En résumé, ne nous arrêtons pas plus qu'il ne faut aux choses de détail, inhérentes à toutes les créations nouvelles. Le temps et les endurcis dans le travail sauront bien en avoir raison. Les paroles ne sont que fumée qui s'envole, et, finalement, il n'y a que les utilités qui restent. C'est de ce côté qu'il faut regarder, sans jamais le perdre de vue.

Vue de haut, la question avance, c'est l'essentiel. Des résultats certains sont acquis dès maintenant, c'est le principal. Dieu et les hommes de cœur qui ne servent que la vérité feront le reste.

A l'appui des témoignages que nous venons d'invoquer touchant l'influence des chaleurs estivales sur les invasions partielles de l'insecte, voici ce que déclare M. Dumas dans le n° des *Comptes rendus de l'Académie des Sciences*, du 2 novembre :

« Si l'on rencontre parfois quelques phylloxéras
« sur les points traités, ce sont de jeunes larves, très-
« agiles, voisines de la surface du sol, pouvant pro-
« venir des vignes d'alentour non traitées, ou de
« quelques œufs cachés dans les fissures du cep ou
« du terrain où ils se seraient trouvés à l'abri de
« l'action du toxique. »

CHAPITRE VII

DESTRUCTION DU PHYLLOXÉRA PAR ENFOUISSEMENT DE BOIS INJECTÉS DE SULFURE DE CARBONE

Tant qu'une question n'est pas entièrement résolue, elle se modifie d'une façon incessante, elle change de face de jour en jour, et, pour ainsi dire d'heure en heure, parce que les imprévus qui surgissent à chaque instant nécessitent de nouveaux compléments. On n'avance que comme cela, et très-souvent on doit à un malheur, à une catastrophe, ou même à un simple accident, les solutions les plus inattendues et les plus heureuses. A quelque chose malheur est bon.

Il est bien reconnu aujourd'hui que le sulfure de carbone est, par excellence, l'agent le plus meurtrier du phylloxéra. Nous devons ajouter que c'est à M. P. Thénard que paraît revenir l'idée de l'emploi de ce produit, qui a le défaut d'être extrêmement volatil ; on l'a généralement fait agir d'une façon trop brusque, et on a tué la vigne. Est-ce donc la faute du produit s'il a été employé inconsidérément ? Il tue l'insecte sûrement car il le foudroie à dose très-faible, ainsi que nous l'avons vu dans les expériences rapportées page 76. De plus, le sulfure de carbone est l'un des rares composés chimiques qui résistent bien aux actions décomposantes du sol, mais, qu'on nous permette une figure, il est trop fougueux. Donc, toute la question consiste, au point de vue de l'application pratique, à savoir se servir de cet excellent produit. « Nous savons que le sulfure de carbone est un moyen héroïque pour détruire le phylloxéra, mais le moyen pratique et économique de l'employer est encore à trouver [*]. »

On a dit aussi, et avec raison, qu'il fallait le brider. Nous venons de faire plus, nous l'avons muselé. Il est maintenant notre prisonnier à merci, et entièrement à notre discrétion.

Nous nous sommes assuré, par des expériences réitérées et concluantes, qu'il est très-facile d'emprisonner le sulfure de carbone dans les cellules du bois, desquelles il ne se dégage plus que lentement, quand on s'y prend bien, à l'état de vapeurs asphyxiantes, et qu'il est possible d'obtenir souterrainement une émission graduée et méthodique de vapeurs pouvant produire un effet de durée, en enfouissant tout simplement dans le sol des petits morceaux de bois du poids de 30 à 35 grammes, injectés de sulfure de carbone pur, ou mélangé aux huiles essentielles dont nous nous servons déjà, et qui sont elles-mêmes des toxiques d'une énergie reconnue, ainsi que nous l'avons prouvé.

Voici d'ailleurs, fig. 15 et 16, en élévation et en plan, le volume de l'un de ces morceaux de bois. C'est, à proprement parler, un prisme droit octogonal pouvant absorber de 25 à 30 grammes d'huiles empyreumatiques et de sulfure de carbone.

[*] M. Bonnemaison, président du Comice agricole de Jonzac. *Journal d'Agriculture pratique*, 16 septembre 1875, page 395.

Le trou central a pour but de faciliter l'injection, que l'on obtient d'ailleurs sans difficulté. Peut-être l'expérience démontrera-t-elle l'inutilité de ces ouvertures.

 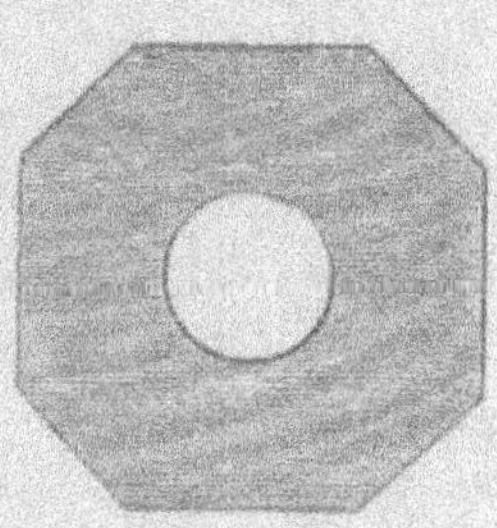

Fig. 15.   Fig. 16.
Dimensions des prismes octogonaux injectés au sulfure de carbone, d'après le procédé Rohart.
(En vue perspective et coupe horizontale).

Le dégagement du sulfure de carbone, à l'état de vapeur, est nécessairement proportionnel, dans ce cas, à la température du milieu, mais on peut la régler par différents moyens : selon qu'on fait agir le sulfure de carbone seul, ou mélangé ; en choisissant les essences de bois qui retiennent ce produit le plus longtemps, comme les bois résineux, et enfin en disposant de la manière suivante les bois à employer :

Étant donné le prisme de bois ci-dessus, injecté préalablement dans le sens de sa longueur, et parallèlement aux fibres, on l'enrobe d'une couche de silicate de soude et d'ocre rouge mélangés afin d'obtenir un durcissement prompt et une plus grande imperméabilité. On comprend que les enduits peuvent varier à l'infini. Nous y reviendrons en temps utile.

Au moment de l'emploi, on pratique sur ces prismes un ou deux petits trous d'aiguille, cela suffit. De cette façon, l'évaporation du sulfure de carbone n'est que proportionnelle au nombre de trous, à la profondeur et aux diamètres de ceux-ci. On peut donc régler les émissions comme avec un robinet, ainsi que nous nous en sommes assuré.

Nous sommes dès maintenant certain de n'émettre que 0 gr. 50 de vapeurs toxiques par 24 heures et nous espérons descendre facilement à 0 gr. 25 par chaque morceau de bois et par jour. Bien entendu, l'émission peut être augmentée à volonté, au moyen des trous d'aiguille.

Les chiffres que nous indiquons ici sont ceux obtenus à l'air libre. Il n'est pas douteux que quand les prismes seront enfouis l'évaporation sera encore plus lente. Tous nos efforts tendent à retarder, autant que nous le pourrons, les émissions du sulfure de carbone. Les enduits qui nous servent enrobent si complétement le bois que plusieurs de ces prismes n'émettent pas un gramme en huit jours, même dans un milieu où la température oscille entre + 15 et + 25.

En descendant perpendiculairement ces petits prismes dans le sol, l'émission des vapeurs se fait dans le sens horizontal et dans toute la hauteur de la couche arable. Nous citerons bientôt des chiffres à l'appui. Ceci fait, il n'y a plus qu'à comprimer, à l'aide du pied, le trou par lequel on a fait descendre les prismes dont la quantité nécessaire pourra bientôt être calculée très-méthodiquement.

C'est le moyen le plus certain de répartition lente et graduée du sulfure de carbone que nous ayons pu trouver. Certaines argiles et terres pouvant produire les mêmes effets que les bois poreux, nous réservons entièrement ce point, encore à l'étude.

Afin de nous faire bien comprendre, au sujet de la réalisation pratique de cette idée, ajoutons que quand on pense aux perles d'éther, dans lesquelles l'industrie a su emprisonner si heureusement l'un des liquides les plus volatils, à la faveur d'une simple enveloppe de gélatine, on ne peut plus douter de la possibilité d'emprisonner le sulfure de carbone dans des morceaux de bois. D'ailleurs, l'idée a pris corps, elle est maintenant réalisée. Les premiers résultats obtenus, que nous ferons connaître plus tard, nous ont montré clairement qu'il est permis de fonder là de réelles espérances. Mais n'anticipons pas ; nous ne voulons apporter ici aucune conclusion prématurée. Nous désirons simplement que les viticulteurs qui savent et qui comprennent, puissent apprécier un peu quels services il est légitimement permis d'attendre de ce côté.

En somme, on n'avait pas, jusqu'ici, de moyen pratique permettant de régler à volonté l'évaporation du sulfure de carbone. Voilà le fait certain. Tout le monde désirait une solution, en voilà une. Il n'est pas douteux que cela augmente l'artillerie de siége et les munitions de campagne : donc la question avance, car chacun de ces engins de guerre ajoute quelque chose de plus au nombre et à la puissance de nos moyens d'action, et nous n'avons pas encore épuisé l'arsenal de la persévérance.

Nous comptons donc nous servir de ces bois injectés, comme moyen complémentaire, à l'époque des premières chaleurs de l'été, qui est celle des migrations et de la pullulation de l'insecte. Il se pourrait cependant, qu'opérant désormais au moment bien choisi, comme nous venons de l'expliquer, avec des appareils perfectionnés permettant de faire agir des produits qui tuent sûrement, mais que nous n'avons pu mettre en œuvre lors de nos premiers essais, l'emploi des bois injectés fut inutile. En tous cas, nous aurons toujours là une bonne et solide réserve, et peut-être deviendra-t-elle un moyen principal, car ces petits morceaux de bois seront de vraies mitrailleuses de phylloxéras. Il faut le souhaiter, puisque ce serait une grande simplification, au point de vue pratique et économique. On pourrait, croyons-nous, livrer à la viticulture ces bois tout préparés, qu'il n'y aurait simplement qu'à enfouir, suivant les indications que nous fournirons, comme nous l'avons déjà dit, dès que nous aurons pu opérer pratiquement à l'École d'Agriculture de Montpellier, et aussitôt qu'il nous sera possible de présenter des résultats certains.

Qu'on veuille bien y réfléchir : les mêmes bois pourraient, au besoin, servir pendant dix ans, car injectés à l'aide des produits pyrogénés qui nous servent comme toxiques, leur conservation est assurée aussi longuement que celle des traverses des chemins de fer et des poteaux télégraphiques. Si donc on voulait réitérer les opérations, rien ne serait plus facile; il suffirait d'injecter à nouveau. Un autre fait acquis, et bien important, c'est que dans les temps chauds l'émission sera proportionnelle à la température du sol.

Les viticulteurs peuvent être certains qu'une grande partie de nos efforts est concentrée sur ce point, car aucune solution ne saurait être plus simple. Le moyen serait applicable partout, sans feu, sans eau, sans matériel d'aucune sorte, et pour ainsi dire sans main-d'œuvre spéciale, puisqu'il n'y aurait qu'à enfouir des morceaux de bois. Une bonne femme avec un panier, un enfant avec un pal, ou un plantoir, voilà tout le personnel et tout le matériel nécessaires. Un madrier débité donne de 1,000 à 1,200 de ces prismes.

Nous pensons que 10 petits prismes, répartis dans tout le système radiculaire, représenteraient de 140 à 200 grammes de sulfure de carbone pouvant être vaporisés souterrainement d'une façon graduée, lente, mais continue, sans préjudice de l'action des huiles empyreumatiques mélangées au sulfure.

Nous ne pouvons encore poser aucun chiffre définitif touchant les quantités à employer par cep, car il reste beaucoup de questions de détail à étudier; et puis, il faut voir ce que l'application pratique va nous apprendre à ce sujet, mais d'après ce que nous savons dès maintenant, 200 grammes de sulfure de carbone devront être un maximum. Il nous reste à trouver, par l'expérience, le minimum qui sera rigoureusement nécessaire, et nous nous en occupons. Il faut songer à l'économie des moyens. Faire avec beaucoup, c'est le talent de tout le monde.

Des expériences se poursuivent également afin de savoir dans quels rapports les émissions ont lieu à l'air libre, ou souterrainement, et à quelles distances, en hauteur, en profondeur et en largeur, pénètrent dans le sol les vapeurs émises. Nous en rendrons compte en temps utile, mais nous pouvons dire que la solution ne laisse pas le moindre doute.

Ajoutons encore que quelques faits de détail, bien importants, nous sont maintenant acquis. Nous n'avons pu parvenir, par ce moyen, à tuer un seul cep dans les vignes de Saint-Ouen, même en allant jusqu'à 500 grammes de sulfure de carbone par pied. C'est un très-grand point.

Les vapeurs de cet excellent produit étant beaucoup plus lourdes que l'air, elles tendent constamment à descendre, et elles ne remontent au-dessus de leur point d'émission qu'autant que toutes les couches inférieures sont saturées. Ces faits ont été vérifiés plusieurs fois expérimentalement.

Nous avons beaucoup de raisons sérieuses pour espérer que 100 grammes de sulfure de carbone suffiront, pratiquement, pour 1 mètre cube de terre, ce qui correspondrait, par conséquent, à 50 grammes pour 0 m. 50 de profondeur de terrain, et par mètre superficiel bien entendu.

Si ces expériences se confirment, comme nous le pensons, la dépense en sulfure serait donc réduite à 500 k. par hectare, mais avec la presque certitude de réussir à l'aide de 50 grammes par mètre superficiel, il suffirait de deux petits prismes pouvant coûter chacun 0 fr. 05.

Peut-être aussi l'expérience démontrera-t-elle la nécessité de diminuer le volume des prismes, sauf à en augmenter le nombre, afin de multiplier les émissions dans tout le système radiculaire. Ce sont là des détails, les points principaux sont acquis.

CHAPITRE VIII.

§ 1. — **Engagements pris. Garanties offertes**.

A la suite de la publication de la lettre de M. De
Laâge au ministre (25 juin), et de la lettre datée de
Pougues (2 juillet), dans laquelle nous offrions de
prendre des engagements très-précis, nous avons
reçu d'assez nombreuses demandes, représentant
plusieurs centaines d'hectares. Comme il nous était
matériellement impossible de pouvoir donner satisfaction à tout le monde, nous avons adressé la lettre circulaire suivante aux personnes qui ont bien
voulu s'adresser à nous.

Nous ne devons pas hésiter à rendre publics de
tels engagements. Ils ont soulevé des objections de
détails que nous ne voulons pas cacher, et auxquelles nous avons aussi le devoir de répondre, puisque
cela touche à la question de la façon la plus directe
et la plus positive. En pareille occurence tout doit
être connu. Voici cette lettre :

Paris, le 4 Septembre 1875.

Monsieur,

Les demandes qui me sont parvenues, au sujet de la destruction du phylloxéra, dépassent de beaucoup ce que peut

un simple particulier, mais comme je me suis engagé pour ce que je pourrai faire, soit cent hectares, je me vois contraint de faire tirer au sort, par la Société des Agriculteurs de France, les noms des propriétaires qui m'ont adressé des demandes. Je désire, Monsieur, que le sort vous favorise, mais vous voudrez bien comprendre, je l'espère, que je ne puis me dispenser de faire autrement, non-seulement parce que l'équité le veut, mais encore parce que je dois me tenir en garde contre toutes récriminations malveillantes au sujet de la nature des terrains sur lesquels je vais opérer, et sur lesquelles, par conséquent, le hasard seul va prononcer.

En conséquence, et avant tout tirage au sort, je viens, Monsieur, vous soumettre les conditions auxquelles je pourrai opérer, et les engagements fermes que je puis prendre.

A moins que vos vignes ne soient absolument perdues, ce que je me réserve d'apprécier avant tout travail, je m'engage à les rétablir dès la première année si elles ne sont pas encore très-gravement compromises.

Veuillez, Monsieur, me permettre de vous faire remarquer combien il m'est difficile de préciser, puisque la rapidité de la guérison dépendra nécessairement de la gravité du mal, c'est-à-dire selon que les vignes sont atteintes du fléau depuis plus ou moins longtemps.

Je ne sais rien à ce sujet, en ce qui vous concerne, et comme je me trouve en présence d'un assez grand nombre de propriétaires au vis-à-vis desquels je suis dans le même cas, je ne puis que généraliser ici. Aussi vous serais-je obligé de vouloir bien m'éclairer en ce qui concerne l'état de votre vignoble, afin que je puisse préciser davantage.

Sous la réserve de ces renseignements, que je vous prie de vouloir bien me transmettre au plus tôt, je m'engage, je le répète, à sauver vos vignes, en assurant leur récolte normale, comme je l'ai fait à Mongaugé, et en employant chez vous les mêmes moyens.

Je fournirai les produits et le matériel nécessaires pour opérer, ainsi qu'un directeur des travaux et un chef d'équipe, et vous fournirez la main-d'œuvre parce qu'il m'est impossible de faire autrement. Vous saurez, 15 jours au moins à l'avance, à quelle date fixe nous pourrons commencer chez vous, quel sera le nombre de journaliers nécessaires, et en combien de jours le travail pourra être terminé, sauf les cas de force majeure.

C'est l'état de la vigne et des racines, au printemps, qui prononcera sur le succès des opérations, par le développement précoce des boutures et des organes aériens, par la formation de chevelu nouveau et d'améliorations bien réelles dans tout le système radiculaire, et surtout par la floraison normale des ceps traités.

Vous me paierez alors à raison de sept centimes et demi par mètre carré.

Si la destruction du phylloxéra n'était pas assez complète pour produire les quatre résultats précis que je viens de vous indiquer, vous n'auriez rien à me payer, et tous les frais que j'aurais faits resteraient à ma charge.

Si ces conditions peuvent vous convenir, je serai charmé, Monsieur, de vous prouver que je me suis efforcé de concilier tout, en sauvegardant nos situations respectives, autant que cela se peut quand on est en présence d'une opération qui se pratique pour la première fois.

Au fond, tous les gros risques sont pour moi, et, par cela même, permettez-moi, Monsieur, d'espérer que vous voudrez bien reconnaître qu'il s'agit moins ici d'une affaire de spéculation que de la simple rémunération d'un travail utile.

Il n'y a et il ne peut y avoir ici qu'une affaire de confiance réciproque, comme quand un médecin est appelé au chevet d'un moribond, mais je vous affirme sur l'honneur que je ne négligerai rien pour vous donner complète satisfaction. Ma réputation et mes espérances en sont la garantie suprême et je vous l'offre sans réserve.

Veuillez agréer, etc.

F. Rohart.

§ 2. — Réponses à des objections.

A propos de cette lettre-circulaire, un viticulteur de Coutras, que nous ne sommes pas autorisé à faire connaître, nous a adressé les objections suivantes, auxquelles nous répondons afin que rien de ce qui se rattache au sujet ne reste dans l'ombre, et aussi parce que ces mêmes objections pouvant être faites par d'autres viticulteurs, il est nécessaire d'y répondre, afin de prévenir tout malentendu.

Depuis que j'ai reçu votre lettre-circulaire, j'ai mûrement réfléchi à son contenu, et bien des objections se sont présentées à mon esprit. Permettez-moi, Monsieur, de les confier à cette lettre et de vous en faire le confident. Mon intention n'est pas de jouer ici le rôle de critique et de persiffler vos propositions, avec l'intention de les condamner à l'avance. Je comprends mon rôle plus noblement, et je veux examiner sérieusement une question sérieuse.

1° D'abord, Monsieur, au lieu de faire payer votre opération par mètre carré, je crois qu'il serait plus convenable et plus juste de compter par cep. Si vous opériez dans le Médoc, où les vignes sont plantées à un mètre en tous sens, vous prendriez 7 centimes et demi par pied de vigne ; mais ici, où notre plantation est à 1^m 33 et 2^m, vous nous faites payer 10 et 15 centimes, sans la main-d'œuvre. Il faut bien que vous admettiez avec moi que dans un vignoble il y a toujours des manquants, et qu'il n'est pas équitable de payer pour des emplacements inoccupés, sur lesquels vous n'avez pas à opérer. Pour l'évaluation de votre travail, il sera toujours très-facile de compter les pieds de vigne de la partie opérée.

Réponse. — La connaissance des faits nous a démontré qu'il y avait nécessité *absolue* d'opérer sur toute la surface d'un vignoble, et d'y faire de quatre à six insufflations par mètre superficiel, quel que soit le nombre de pieds de vigne par hectare. Qu'il y en ait seulement 3 à 4,000, comme dans certaines contrées, ou jusqu'à 30,000 comme dans la Champagne, la question ne change pas, et les nécessités sont les mêmes. C'est la masse de terre qui est infestée, et, par conséquent, c'est toute la couche arable qui doit être opérée. Il est certain qu'une submersion partielle ne réussirait pas; il faut qu'elle soit totale. Il en est de même pour moi et je ne saurais donner aucune garantie, ni accepter aucune responsabilité en dehors de ces conditions. Ce n'est pas nous qui les avons faites, ce sont elles qui se sont imposées à nous, comme toutes les nécessités impérieuses qui sont dans la force des choses. On commande rarement au travail, et il faut au contraire lui obéir presque toujours.

2° Un propriétaire peut-il prendre des engagements, quand il s'agit de plusieurs milliers de francs, sans savoir à peu près ce que lui coûtera l'opération qu'il veut faire? Non, bien certainement. Eh bien, en ne nous fixant pas sur le nombre de manœuvres nécessaires, nous agissons en aveugles, et comme les hommes disponibles sont très-rares dans le pays, nous pourrions nous trouver très-embarrassés, à un moment donné, pour vous fournir le personnel voulu.

Réponse. — Raisonnablement, pouvons-nous faire plus qu'en prévenant quinze jours à l'avance? Et enfin, si un viticulteur ne peut trouver, autour de lui, la main-d'œuvre nécessaire à son travail, pouvons-nous y remédier? Pourrons-nous faire plus que lui? Pouvons-nous, économiquement, envoyer des ouvriers de Paris à 525 kilomètres?

3° Vous ne nous parlez pas du logement et de la nourriture des deux personnes que vous fournissez et qui seront, je le pense, entretenues à nos frais. Encore faut-il s'entendre à ce sujet, afin de prévenir des difficultés ou au moins des malentendus.

Réponse. — C'est juste. Ces petits frais supplémentaires sont une nécessité qui s'impose également. Il est généralement de règle que tout chef de travaux et son aide sont assurés dans leurs moyens d'existence, surtout quand il s'agit d'aller au loin diriger du travail dans des domaines isolés et où, malgré toute bonne volonté, des étrangers ne sauraient trouver les moyens de se suffire. Coutras n'est qu'une exception, en raison de la très-grande majorité des cas contraires.

« 4° Les instruments, les matières premières et le combustible que vous fournissez seront, je pense, rendus sur place à vos frais. »

Réponse. — Oui, pour les instruments et les matières premières. Quant au combustible, il reste, bien entendu, à notre charge, mais doit nous être rendu à pied-d'œuvre, comme tout le reste, puisque nous n'aurons à notre disposition aucun moyen personnel de transport.

« 5° Quelle surface pensez-vous opérer par jour ? Votre réponse est doublement importante, car elle nous permettra de calculer le temps soustrait à nos travaux ordinaires, puis elle nous donnera la possibilité de calculer le prix de revient de la main-d'œuvre. »

Réponse. — Nous pensons que vingt hommes pourront faire un demi-hectare par jour, mais cette évaluation ne saurait être considérée comme un absolu. Tant vaut l'homme, tant vaut la quantité de travail fait. Les agriculteurs, et même les viticulteurs, savent parfaitement que les moissonneurs ou les vendangeurs de tels ou tels pays produisent souvent, à salaire égal, une quantité de travail double de celle que donne parfois la population indigène. Et puis il faut penser aussi aux terrains rebelles, comparativement aux sols perméables, faciles à travailler.

« 6° Pour être praticable, pécuniairement parlant, votre opération doit être faite une seule fois par an *et doit assurer la récolte.* Or, est-il possible de le juger au printemps, après la floraison ? J'admets, Monsieur, les conditions que vous précisez à cette époque, cela suffit-il ? Non, certainement. Une bonne floraison promet mais n'assure pas une récolte : on a une probabilité mais non une certitude. Je suppose qu'à ce moment les phylloxéras fassent un retour offensif sur les racines, et qu'en soustrayant, pendant les derniers mois, la sève de mes vignes, ils empêchent les raisins de grossir et d'arriver à une bonne maturité. Dans ce cas aurez-vous satisfait à vos engagements? Non, bien certainement. La floraison ne suffit pas au propriétaire, il lui faut la récolte pour vous indemniser et pour payer les frais de culture. Je crois donc que la réussite ne devrait être jugée que par la récolte, en tenant compte, bien entendu, des causes étrangères au phylloxéra, telles que coulures, oïdium, grêle, etc... »

Réponse. Elle est facile à faire, puisque déjà elle est indiquée formellement dans la lettre-circulaire qu'on vient de lire, et qui dit expressément: « Je m'engage à sauver vos vignes, *en assurant leur récolte normale*. » Par conséquent, en admettant l'hypothèse de notre honorable correspondant, c'est-à-dire un retour offensif de l'insecte venant empêcher la fructification *normale* des raisins, l'opération serait *manquée et il ne nous serait rien dû*.

Différents viticulteurs se sont peut-être montrés un peu rigides au sujet de l'idée du tirage au sort. Nous le concevons parfaitement. Les premiers inscrits, dont l'initiative mérite certainement d'être prise en considération, disent, avec raison, qu'il n'est pas juste de les soumettre aux mêmes chances que ceux qui sont arrivés tardivement. On ne peut, hélas! « contenter tout le monde et son père », mais nous réitérons que c'est par crainte d'entendre dire que nous avons pu choisir les terrains qui pouvaient nous être le plus favorable, que l'idée du tirage nous est venue. Nous la retirons puisque rien n'est fait encore, et par conséquent nous suivrons les numéros d'inscription dans l'ordre que nous avons indiqué, parce que les réclamations ont été trop générales.

Nous désirons cependant que les intéressés se persuadent bien que nous ne sommes ici qu'un entrepreneur contraint et forcé. Qu'on veuille bien nous permettre cette expression, c'est du volontariat obligatoire, parce qu'il faut prouver, mais qu'il n'y a aucune autre raison pour nous déterminer à agir. C'est toujours une tâche ingrate de faire de l'entreprise dans de pareilles conditions ; tout est à créer, tout est à faire au point de vue de l'organisation et de l'administration, pour appliquer pratiquement.

Bientôt, croyons-nous, ce sera tout différent. Dès que l'on sera fixé sur les résultats définitifs et sur les conditions du travail à pratiquer, chacun pourra l'exécuter lui-même, avec des réductions de prix certaines, ou le faire exécuter par des entrepreneurs qui ne manqueront pas de s'offrir, car nous avons déjà bien des demandes, et nous pensons que cela sera possible l'an prochain. Le concours de tous aidant, sous le rapport de l'application pratique, il n'est pas douteux que l'on trouvera des simplifications, et peut-être de très-grandes, qui réduiront d'autant les dépenses de chacun. Quant à nous, nous aurons réellement fait tout ce qu'il est humainement possible de faire, et nous croyons même qu'il ne serait pas facile de poursuivre beaucoup plus loin l'étude de la question. Nous sommes bien convaincu que, dans l'avenir, les prix de revient par hectare ne dépasseront guère 400 fr., si même ils les atteignent. Ce n'est pas là une fiche de consolation, c'est une idée très-réfléchie ; nous la donnons en toute sincérité et en toute connaissance de cause.

Quant au retour offensif de l'insecte, il sera toujours à craindre tant que la masse des intéressés ne sera pas contrainte, dans l'intérêt public, d'appliquer les moyens qui auront donné des résultats certains. Alors, et seulement alors, on pourra compter sur des résultats *généraux* très-appréciables. Mais il n'est pas douteux qu'en débutant avec des moyens qui ne seraient pas absolument complets, ils se compléteraient rapidement, en raison du concours actif de tous les praticiens, et de l'intérêt tout personnel qu'ils auraient à améliorer, à perfectionner, à simplifier. N'est-ce pas ce qui est arrivé avec la submersion? A l'origine, les premières applications ont donné des résultats incomplets, mais les vrais viticulteurs en ont eu bien vite raison, et aujourd'hui les effets de la submersion sont indiscutables. A n'en pas douter, les applications pratiques feront, dans l'avenir, des progrès remarquables, et les difficultés entrevues à l'origine disparaîtront bien vite. C'est toujours ainsi, d'ailleurs, que les choses se passent, et on n'arrive pas autrement à la perfection.

L'anéantissement *général*, absolu et immédiat de l'insecte ne nous apparaît guère que comme une chimère. Les surfaces envahies sont par trop considérables pour que l'on puisse espérer un pareil résultat, et il nous semble sage d'y préparer les esprits. Pas d'illusions, il faut voir les choses comme elles sont, et comprendre que la vraie sagesse consiste à savoir prendre son parti des calamités qui nous affligent et desquelles nous ne sommes ici, probablement, que les auteurs inconscients. N'oublions pas, d'ailleurs, que les faits qui sont dès maintenant bien connus prouvent que la destruction tout à fait absolue du phylloxéra n'est pas indispensable pour permettre à la vigne de produire sa récolte normale, ainsi que les résultats le démontrent quand on considère que la première, et même la seconde année de l'invasion phylloxérique, ne s'aperçoivent pas.

Voici un fait récent qui prouve ce que nous avançons. Dans une lettre en date du 7 octobre 1875, et adressée au *Journal de l'agriculture*, M. P. Castelnau dit : « ... bien qu'ayant du phylloxéra sur les racines, ces vignes m'ont donné une belle récolte. » N'est-ce pas ce qui se passe aussi chez M. Gaston Bazille, et ce que l'on constate également les premières années de la submersion? Il ne faut donc pas trop courir après un absolu, au moins quant à présent. Allons au plus pressé, c'est-à-dire faisons le principal en assurant les récoltes, et comptons un peu sur la coopération de tous et sur le temps pour parfaire l'œuvre complète de la destruction.

Nous craignons donc que le redoutable insecte ne s'acclimate chez nous, et qu'il faille vivre longtemps encore avec lui. On sauvera la vigne, on assurera les récoltes, cela nous paraît tout à fait certain, mais il faudra faire bonne garde et ne pas s'endormir dans une sécurité trop complète. Tant mieux, car les soins et la vigilance seront, très-probablement, la meilleure sauvegarde, et, comme tout ce qui a un caractère épiphytique, le mal devra aller sans cesse en décroissant, ainsi qu'on l'a constaté au sujet des épidémies et de la plupart des épiphyties qui ont frappé les végétaux (1).

____

(1) Les épiphyties sont des altérations morbides des végétaux. L'oïdium, la nielle, la maladie des pommes de terre sont des épiphyties.

CHAPITRE IX

CONSÉQUENCES AGRICOLES DE LA DESTRUCTION DU
PHYLLOXÉRA.

Répétons encore que « très-souvent on doit à un malheur, à une catastrophe, ou même à un simple accident, les solutions les plus inattendues et les plus heureuses. » Nous croyons fermement que si l'invasion phylloxérique a été un malheur pour la viticulture, elle aura *certainement* ses compensations du côté de l'agriculture. Est-ce qu'on s'est jamais occupé de l'immense famille des infiniments petits qui font tant de ravages et qui, chaque année, détruisent tant de labeurs et anéantissent tant d'espérances? Qui supputera jamais les dégâts causés à l'agriculture par tous ces ennemis du travail et de la propriété?

Dans la plaine de Caen, où la culture du colza est en grande faveur, les larves du hanneton occasionnent de tels ravages, qu'ils se chiffrent souvent par millions de francs. Qu'est-ce que ce coin de la Normandie, comparativement à notre surface territoriale? Les déprédations des petits rongeurs et des insectes nuisibles doivent nécessairement se traduire par de très-gros chiffres, au détriment du revenu individuel, et par conséquent du revenu public. Cela n'est pas douteux.

Si l'on parvient à tuer le phylloxéra pratiquement,

comme nous en avons maintenant la certitude, les ennemis de l'agriculture ne tarderont pas à en ressentir le contre-coup. Les faits que nous avons rapportés pages 75 à 80 nous en donnent dès maintenant l'assurance.

Les beaux travaux de Doyère sur la conservation des blés, et les intéressantes applications qu'il a faites sur la destruction du charançon, au moyen du sulfure de carbone, autorisent à penser que les bois injectés à l'aide de ce produit trouveront là une nouvelle et heureuse application, comme pour beaucoup d'autres cas, et notamment avec la courtillère, ou avec le Doryphora qui menace maintenant la pomme de terre.

Nous comptons agir dans ce sens dès que nous en aurons fini avec le meurtrier de la vigne. Déjà nous avions entrevu la possibilité d'une première tentative, à Meaux, sur une pièce de betteraves sérieusement compromise par le ver blanc. Malheureusement, nous n'avons été prévenu que tardivement, dans la première quinzaine de juin ; des imprévus nous ont retardé, et nous avons dû remettre à l'année prochaine. Nous ne manquerons pas d'y revenir parce que les faits que nous avons constatés depuis deux ans nous autorisent à affirmer que la destruction du phylloxéra ne sera pas seulement un immense bienfait pour la viticulture, mais qu'elle aura aussi les conséquences les plus heureuses pour l'agriculture, et que, finalement, la fortune publique pourra bien retrouver d'un côté ce qu'elle aura perdu de l'autre. A quelque chose malheur est bon.

CHAPITRE X

Avant de nous résumer et de conclure, voyons quelles seront les conséquences commerciales et industrielles de la destruction du phylloxéra.

Le chiffre exact des surfaces envahies est peu connu, mais on croit généralement qu'elles peuvent être évaluées, sans exagération, à la date où nous sommes, à 200 ou 250,000 hectares. On peut prendre, croyons-nous, ce dernier chiffre, parce que l'invasion gagne toujours du terrain, et qu'elle en gagnera encore jusqu'au jour où l'on donnera l'assaut général à l'ennemi.

Nous venons de voir que, suivant les données qui nous sont acquises, on peut légitimement espérer que la dépense moyenne, par hectare, ne dépassera pas 400 fr., si même elle atteint ce chiffre ; mais en maintenant ce dernier, il en ressort déjà qu'il faudra mettre en œuvre un capital d'au moins 100 millions, représenté par le prix des produits qui seront nécessaires, et par la main-d'œuvre, sans préjudice des besoins ultérieurs de l'agriculture.

Afin de bien faire comprendre la nécessité d'avoir plusieurs solutions, si l'on veut trouver assez de produits en temps utile, sans s'exposer à provoquer des hausses exagérées dans les prix, posons quelques exemples. Admettons que le sulfocarbonate de potasse soit l'agent reconnu utile, et suivons.

Le produit commercial est une dissolution qui marque de 38 à 40° à l'aréomètre Beaumé. Sa densité égale 1,36 à 1,38. Cette dissolution contient de 60 à 62,50 p. 0/0 de sulfocarbonate à l'état solide. On emploie, dit-on, de 60 à 80° de cette liqueur par cep, ce qui représente de 43 gr. 75 à 50 gr. de sulfocarbonate à l'état solide. Pour un hectare moyen de 5,000 ceps il faut, par conséquent, 400 litres de liqueur.

La densité étant de 1,36, le poids total est de 544 kilos, soit 250 kilos de sulfocarbonate solide.

Il faudrait donc, pour 250,000 hectares, 62 millions 500,000 kilos de sulfocarbonate solide, ou, 136,000,000 kilos de la liqueur commerciale à 1.36 de densité. C'est tout simplement effrayant, car on n'improvise pas des quantités aussi considérables, et toutes les fabriques de produits chimiques réunies ne sauraient livrer à la consommation, dans un temps très-court, des masses de produits qui s'expriment par de pareils chiffres.

Ce n'est pas tout. Pour fabriquer 62 millions 1/2 de sulfocarbonate solide, il faudrait :

	26.210.000 kil. potassium
	32.256.250 kil. soufre
	4.033.750 kil. carbone
Ensemble...	62.500.000 kil.
Ou bien....	36.962.500 kil. monosulfure
	25.537.500 kil. sulfure de carbone
Ensemble...	62.500.000 kil.

Soit, valeur totale, au cours actuel de 110 fr. les 100 kil. de sulfocarbonate liquide, 149.600.000 fr. non compris la main-d'œuvre, bien entendu.

La seule fabrication du monosulfure exigerait 58,429,580 kilos de sulfate de potasse.

Où trouver de pareilles quantités de matières premières ?... C'est ce qu'il serait impossible de dire. Si donc la demande abondait, dans l'hypothèse posée, et ce n'est pas douteux, il est absolument certain que ni les matières premières ni la fabrication ne pourraient y suffire, et que la hausse se ferait *infailliblement*. C'est là un danger contre lequel il faut se prémunir, et, pour cela, il est nécessaire d'aller au fond de la question et de penser à demain. Il est bon de regarder devant soi quand on est en présence de pareils chiffres.

Pour nous qui avons scruté la question, nous voyons clairement que quand la solution sera trouvée, on ne tiendra pas tout, et que l'une des plus grandes difficultés consistera à se procurer assez de matières premières et assez de produits, parce que les besoins seront immenses et immédiats, et qu'une grande perturbation est à craindre, si l'on n'y songe à l'avance. Voyons d'autres preuves.

Admettons que les produits qui nous servent soient définitivement reconnus bons et efficaces. Un hectare moyen de 5,000 pieds exige 2,000 kilos de produits se décomposant ainsi : 665 kilos acide pyroligneux ; 665 kilos huile de goudron de houille ; 665 kilos huile de goudron de bois..

Pour traiter 250,000 hectares, il faudrait par conséquent :

166,250 tonnes d'acides pyroligneux.
    Valeur...................... 13,000,000 fr.
166,250 tonnes huile de goudron de
    houille. Valeur........... 9,975,000
166,250 tonnes huile de goudron de
    bois. Valeur............. 24,937,500
_______________   _______________
498,750 tonnes.   Valeur totale... 48,212,500 fr.

Si nous rapportons les mêmes données à l'emploi du sulfure de carbone, et en comptant, en moyenne, sur 200 grammes par cep, que nous admettons comme un maximum, nous trouvons que l'hectare moyen de 5,000 ceps exigera 1,000 kil. et par conséquent qu'il faudrait 250,000,000 de kil. de sulfure de carbone pour traiter 250,000 hectares (*).

C'est inquiétant, car il est presque impossible à l'esprit de concevoir les moyens d'atteindre une pareille production. Il en est de même pour les matières premières, puisque les 250 millions de kil. de sulfure de carbone exigeraient l'emploi de 210,525,000 k. de soufre, et que la production annuelle de la Sicile ne représente guère que la moitié de ce chiffre, soit 125,000,000 kil.

Nous avons fait beaucoup de chiffres, afin de nous éclairer. En voici quelques-uns, très-modestes comme point de départ, mais qui devront donner à réfléchir.

Une fabrication de 50,000 kilos de produits par jour, c'est bientôt dit, mais ce n'est pas aussi simple que cela quand il s'agit de mettre en pratique.

(*) Ne perdons pas de vue qu'il y a espoir, très-motivé, de réduire de moitié les quantités ci-dessus.

Il n'existe nulle part de fabrique de sulfure de carbone produisant de telles quantités. Pour en arriver là, il faut un établissement considérable, et un capital de plusieurs millions. Il faut brûler, *par jour*, 42,500 kilos de soufre et 15,000 kilos de charbon de bois, qui nécessitent l'emploi de 2,970 hectolitres de coke, servant à l'alimentation de cinquante fours de quatre cornues chacun, dont quarante-deux en marche et huit en repos.

Cela représente une production annuelle de 18,000,000 kilos de sulfure de carbone, mais, en réalité, celle-ci ne donne encore que les moyens de traiter cinquante hectares par jour. A ce compte, on ne ferait donc que 15,000 hectares par an, et il y en a 250,000 qui attendent!...

Si donc il devenait nécessaire de fournir à la viti-culture les produits dont elle aurait besoin pour traiter, en deux ans, les surfaces envahies, il fau-drait créer dix établissements comme celui que nous venons d'indiquer, et ils consommeraient, *par jour*, 425,000 kilos de soufre, 150,000 kilos de char-bon de bois, 29,700 hectolitres de coke servant à l'alimentation de cinq cents fours, représentant une production annuelle de 90,000,000 kilos de kilo-grammes de sulfure de carbone, permettant d'o-pérer 150,000 hectares.

Ces dix établissements consommeraient annuel-lement :

En soufre et charbon..........   46.490.000 fr.
En main-d'œuvre ....   12.600.000 —

Il n'est pas un seul homme un peu au courant des choses du travail industriel qui ne soit vérita-blement effrayé en considérant ces chiffres, car on ne trouverait, nulle part au monde, l'ensemble d'une production aussi gigantesque, et c'est là une réalité en face de laquelle nous allons bientôt nous trouver. Il est grand temps qu'on y songe. On peut voir dès maintenant que ce n'est pas la viticulture qui aura le plus d'efforts à faire, mais bien l'industrie.

De même encore, si, comme nous n'en doutons pas, les bois injectés au sulfure de carbone donnent de bons résultats, les calculs nous indiquent qu'il faudrait employer 2,500,000 stères de bois. Ici les difficultés seraient évidemment moins grandes, mais ces gros chiffres sont nécessaires pour montrer à l'avance quel pourra être, dans un avenir rapproché, l'importance des besoins.

Au sujet de la destruction du phylloxéra par l'enfouissement de bois injectés au sulfure de carbone, nous ne pouvons nous empêcher de rapporter ici les résultats de nos dernières opérations, résultats constatés depuis l'impression du chapitre relatif à cette question.

Le 5 novembre, on a réparti dans un mètre cube de terre encaissé, vingt racines phylloxérées qui ont été étagées en hélice, dans toute la hauteur de la caisse, mais en plaçant ces racines au plus loin du centre, où était le seul foyer d'émission qui devait agir sur la masse entière.

Ce foyer était donc au milieu du carré, et à quelques centimètres au-dessous de la surface. On a placé là, perpendiculairement, trois petits prismes injectés au sulfure de carbone, et contenant, ensemble, de 90 à 95 grammes de ce produit, mélangé à des huiles essentielles de goudron.

Le 15 novembre, l'inspection des vingt racines n'accusait plus que la présence des cadavres de l'insecte. Pas un seul n'y a échappé, et il y en avait certainement plusieurs milliers sur les vingt racines.

La conclusion qui ressort, quant à présent, de ces expériences, c'est que le résultat final ne saurait être douteux ; que certainement la *question phylloxéra* sera résolue pratiquement en 1876 ; que les faits mentionnés ici montrent déjà qu'à $0^m,50$ de profondeur de terrain, 50 grammes de sulfure seraient suffisants par mètre superficiel ; que ces chiffres correspondent exactement à 1 gramme de sulfure par chaque centimètre de hauteur de terre ; mais que, néanmoins, ce n'est peut-être pas encore là le dernier mot de la solution, quant au côté économique.

Nous allons continuer les mêmes expériences, dans les mêmes conditions, mais avec 50 grammes de sulfure seulement, et nous avons l'espoir de réussir en prolongeant davantage la durée de l'expérience, car il est certain que tout le sulfure employé n'a pas été volatilisé en dix jours, surtout dans un milieu où la température ambiante a oscillé entre $+5$ et $+12$, environ.

Donc, la conclusion qui s'impose ici est celle qui nous a servi d'épigraphe : *C'est la diversité des solutions qui sera la meilleure solution*, parce que même en supposant que toutes celles qui se présentent dès maintenant aboutissent à de bonnes fins, on n'entrevoit pas encore la possibilité de satisfaire à des besoins aussi impérieux et aussi considérables que ceux que la vigne réclame partout, et desquels il devient nécessaire de se préoccuper sérieusement. Malheureusement encore, plus les solutions tarderont à venir, plus les difficultés seront grandes, puisque le chiffre des surfaces envahies sera plus important. Il est même nécessaire d'appeler l'attention publique sur cet autre point que malgré la diversité des moyens de succès, il n'est pas douteux que les intéressés voudront s'en tenir à la solution la plus économique, et qu'il sera tout à fait impossible de leur en imposer d'autres.

On ne doit pas craindre de montrer à l'industrie et au commerce ces larges horizons et ces grandes perspectives. Le concours de tous est nécessaire lorsque les intérêts généraux sont en souffrance et que le pays attend. Dans une question aussi vaste il n'y a pas de petits appoints.

Il faut donc bannir les vues étroites, les puérilités et les petites visées personnelles. Quand le péril est grand, il faut savoir s'élever à la même hauteur en s'efforçant de multiplier le nombre et la puissance de ses moyens d'action. Le salut commun est à ce prix.

En aucun temps et en aucun pays il n'y a pas de meilleures solutions que celles qui répondent à des besoins urgents, immédiats. Ici, les solutions sont attendues partout, comme une manne nouvelle, car elles seront accueillies partout comme un immense bienfait. Ceux qui cherchent l'avenir peuvent donc regarder sûrement de ce côté ; la viticulture ira à eux comme nous allons tous chez le boulanger.

CHAPITRE XI

Il résulte des faits consignés dans ce petit volume :

1° Qu'il est possible de prolonger l'existence des vignes atteintes par le phylloxéra, et de leur faire produire des récoltes en attendant les solutions pratiques et économiques qui pourront permettre d'opérer partout la destruction de l'insecte (pages 9 à 19).

2° Que la submersion est un moyen certain de débarrasser la vigne de son dangereux ennemi, mais que cette opération doit être répétée plusieurs fois, parce que, quoi qu'on fasse, et quelle que soit la valeur incontestable de ce moyen, un retour offensif de l'ennemi se produit *toujours*, partiellement, à l'époque des temps chauds, et particulièrement la première année (pages 19 à 27).

3° Que ces résultats sont bien acquis, malgré les insuccès plus apparents que réels des premières applications, et qu'en raison même de l'importance du sujet, il y a lieu de se tenir en garde contre des conclusions trop souvent prématurées (pages 27 à 29).

4° Que pour diminuer les chances d'erreur, ou d'abus, ou d'interprétations plus ou moins intéressées, il est sage de multiplier les essais et d'en faire pratiquer et contrôler les applications par des hommes indépendants, mais spécialement par des syndicats locaux choisis parmi les praticiens les plus éclairés de la viticulture (pages 29 à 33).

5° Que si la régénération des vignes par les semis n'est encore qu'à l'état d'idée et de conception théorique, elle mérite néanmoins d'être prise en très-sérieuse considération par les sociétés et comices viticoles, attendu que des faits d'une valeur incontestable prouvent déjà qu'il y a lieu d'espérer beaucoup de ce côté, et que, d'ailleurs, c'est là un sujet d'études pratiques du plus haut intérêt pour l'avenir de la viticulture française (pages 33 à 39).

6° Que de l'aveu des praticiens les plus autorisés, la question des cépages américains mérite aussi une sérieuse attention, mais que la prudence commande surtout de grandes réserves avant d'engager l'avenir (pages 39 à 44).

7° Qu'en effet, il est établi que les vignes américaines pouvant végéter normalement, malgré la présence de l'insecte, on acclimaterait ainsi ce dernier, et on assurerait sa permanence au risque de compromettre les contrées encore indemnes de ce fléau (pages 44 et 45).

8° Qu'en outre, la réputation des vins français tenant essentiellement à la nature des cépages cultivés, on doit craindre que le remplacement de ceux-ci par des cépages étrangers ne donne pas du tout les mêmes résultats, et ne compromette l'avenir des revenus individuels et de la fortune publique. (Pages 45 à 49.)

9° Qu'en ce qui concerne l'asphyxie souterraine, c'est elle qui s'appliquera certainement à la grande majorité des cas, et que, par cela même, elle mérite surtout de fixer l'attention ; mais que les énergies de la terre et les actions décomposantes qu'elle exerce sur la plupart des toxiques que l'on peut mettre en œuvre, constituent l'une des plus grandes difficultés du problème. (Page 49.)

10° Qu'en outre, l'obligation de bien diffuser dans le sol les produits que l'on peut faire agir, et d'en obtenir ensuite des effets de durée, sont des conditions *absolues* de succès, que démontrent les résultats de la submersion, et qui rendent la solution beaucoup plus difficile qu'on ne le pense généralement. (Pages 49 et 50.)

11° Que la diffusion complète des matières solubles étant presque impossible, à moins d'une sorte de déluge, l'égale répartition dans le sol des matières insolubles constitue, pratiquement et économiquement, une véritable impossibilité. (Page 50.)

12° Que l'action des gaz asphyxiants ou des vapeurs toxiques est réellement la seule voie ouverte aux espérances des inventeurs, mais que, dans ce cas encore, la terre se comporte souvent comme une immense pile voltaïque qui réduit certains composés, notamment l'hydrogène sulfuré, ou oxyde les autres, et toujours en séparant, à l'état de matières inertes pour l'insecte, les gaz que l'on a pu faire agir. (Page 51.)

13° Que cette action des terres arables s'étend plus loin encore, puisqu'elle agit, à l'égard de bien des produits organiques, comme un comburant doué d'une grande énergie, ou, autrement dit, comme un véritable foyer qui brûle et qui consume la plupart des composés que l'on peut mettre en œuvre. (Page 51.)

14° Que ces difficultés sont d'autant plus grandes que la puissance d'action opposée par le sol est représentée, pour chaque hectare de terre, par des masses du poids de 4 à 10 millions de kil. (Pages 50 et 88.)

15° Que néanmoins, *l'enfumage*, pratiqué dans des conditions déterminées, résiste pendant de longs mois aux actions comburantes du sol, et détruit parfaitement l'insecte à mesure que les gaz et les vapeurs insufflées se diffusent dans la couche arable, mais à la condition que chaque kilogramme de terre reçoive environ un litre de vapeurs toxiques, ou 4 millions de litres par hectare de $0^m,25$ de profondeur. (Pages 50 et 88.)

16° Que la connaissance exacte de ces faits explique pourquoi tant de propositions formulées par des hommes d'initiative, mais beaucoup trop étrangers à toutes ces questions, n'ont pu aboutir à d'heureuses fins. Que, néanmoins, il y a lieu de déplorer qu'à défaut des éléments de l'instruction scientifique professionnelle, la masse des intéressés soit restée sans défense en face du péril qui les frappe et qui menace aussi l'une des branches principales du revenu public. (Pages 52 et 53).

17° Qu'en ce qui concerne l'emploi des sulfocarbonates, la question est encore à réserver, malgré des insuccès certains, parce qu'en matière d'applications nouvelles, il est impossible de conclure définitivement du premier coup, attendu que toutes les créations récentes sont essentiellement perfectibles, et que l'on doit prendre garde, dans l'intérêt même de la question, de décourager les initiatives individuelles dont on a tant besoin ou de paralyser les tentatives les plus louables. (Pages 54 à 57.)

18° Que l'enfumage du sol peut être pratiqué facilement à l'aide d'un petit appareil mobile, du poids de 15 à 20 kilogr., faisant fonction de générateur et d'injecteur, et permettant d'insuffler souterrainement, dans toutes les directions, à l'aide de la chaleur seule, et à l'état de vapeurs, un très-grand nombre de produits pyrogénés et d'huiles essentielles dont les fumées asphyxiantes sont mortelles pour un grand nombre d'insectes, et spécialement pour le phylloxéra. (Pages 57 à 60, 74 à 83 et 91 à 101.)

19° Que cet appareil, perfectionné depuis sa création, donne maintenant les moyens de faire agir les produits les plus volatiles et les plus meurtriers, comme le sulfure de carbone, l'acide cyanhydrique et d'autres composés non moins énergiques, de les faire pénétrer sûrement dans la direction des racines, et de les répartir, sous forme de nuages, dans toute la hauteur de la couche arable, ainsi que l'expérience l'a démontré dans les applications faites à Mongaugé. (Pages 60 à 70 et 80-81.)

20° Que des faits assez nombreux prouvent que beaucoup de produits chimiques, très-propres à tuer l'insecte dans des expériences de laboratoire, sont complétement insuffisants pour donner de bons résultats au contact des terres arables, attendu que la plupart de ces produits n'ont pas une fixité suffisante, et qu'ils ne peuvent résister aux actions décomposantes du sol. (Pages 62-71.)

21° Que la stabilité des produits pyrogénés et des hydrocarbures est beaucoup plus grande; que ceux-ci résistent mieux aux énergies de la terre, et, qu'en outre, ils constituent des toxiques d'une puissance certaine à l'égard de beaucoup d'insectes, et même d'animaux à sang chaud et à sang froid. (Pages 71, 73, 74, 80 et 81.)

22° Que parmi les produits chimiques qui agissent le plus sûrement contre le phylloxéra, il faut placer en première ligne le sulfure de carbone et l'acide cyanhydrique; mais que le premier est surtout très-remarquable, en raison de sa grande fixité, et aussi, parce que les vapeurs qu'il émet ne sont pas absorbées par la terre et qu'elles se diffusent simplement dans l'air confiné des couches souterraines. (Pages 74 à 78 et 101.)

23° Que des expériences pratiquées en pleine terre, par voie d'arrosement, démontrent bien la possibilité de tuer sûrement le phylloxéra, avec un grand nombre de produits solubles, mais à la condition *expresse* d'employer d'énormes quantités d'eau, qui sont souvent l'équivalent d'une submersion, et que ces expériences ont également prouvé que les phénates alcalins méritent une grande attention, car ils agissent parfaitement. (Pages 78 et 79.)

24° Qu'en ce qui concerne l'action des composés du cyanogène, elle n'est pas douteuse non plus;

mais qu'elle réclame encore d'autres recherches et d'autres applications. (Pages 78, 79, 81 et 82.)

25° Que les premières opérations d'enfumage du sol, pratiquées dans les vignes de Mongaugé, ont été contrôlées et décrites dans un procès-verbal du 1er décembre 1874, duquel il résulte la preuve régulière de tous les faits énoncés ici concernant ces opérations et les appareils employés. (Pages 83 à 87 et 100 à 101.)

26° Que différentes constatations pratiquées depuis cette époque établissent surtout la durée d'action des produits mis en œuvre, et par conséquent leur résistance aux actions décomposantes et comburantes du sol. (Pages 87, 88 et 89.)

27° Que cependant cette résistance est proportionnelle à la température de la masse de terre, mais qu'en opérant à l'automne, dans les conditions indiquées, l'action des produits se manifeste encore jusqu'à la fin de mai. (Pages 90 à 93.)

28° Qu'en ce qui touche l'influence de ces produits sur le goût des vins, elle ne paraît pas à craindre, ainsi qu'il résulte des dégustations faites comparativement, par des viticulteurs, sur les vins provenant des vignes malades et opérées, et des vignes non malades et non opérées. (Pages 91 à 95.)

29° Qu'en ce qui concerne les résultats généraux et particuliers de ces premières applications, il ressort des témoignages du propriétaire de Mongaugé, adressés au Ministre de l'Agriculture, que les vignes phylloxérées soumises au traitement qui vient d'être indiqué, ont commencé à pousser quinze jours avant les autres, et qu'elles ont constamment montré une végétation luxuriante, ainsi que l'indiquent comparativement les figures 13 et 14. (Pages 95 à 104.)

30° Que les constatations faites officiellement au printemps par les délégués de l'Académie des Sciences, ont établi l'exactitude de ces faits, et qu'en outre, on n'a pu reconnaître la présence d'un seul phylloxéra vivant sur les ceps opérés six mois auparavant. (Pages 95 à 104.)

31° Que sur la plupart des racines extraites du sol on trouvait du chevelu nouveau et de nombreuses radicules de formation récente. (Pages 95 à 104.)

32° Que l'examen des racines pivotantes et traçantes a constamment donné les mêmes résultats. (Pages 95 à 104.)

33° Que le contrôle de ces constatations a eu lieu quelques jours plus tard, par d'autres délégués de l'Académie des Sciences, et qu'il a pleinement confirmé les vérifications précédentes. (Pages 95 à 104.)

34° Que la mort de l'insecte a été également constatée sur des ceps en voie de traitement depuis quelques semaines seulement. (Pages 95 à 104.)

35° Que la végétation remarquable des ceps opérés ne saurait être attribuée qu'à l'influence des matières employées, puisque les vignes n'ont reçu aucune fumure et que les produits carbonés insufflés dans le sol paraissent avoir rempli des fonctions physiologiques analogues à celles du terreau et de l'humus. (Pages 97 à 100.)

36° Que les résultats obtenus à Mongaugé ont été contrôlés et confirmés à nouveau par les constatations directes de MM. Princeteau et Ramat, qui en ont rendu compte. (Page 103.)

37° Que M. Dumas en a lui-même témoigné devant la Société centrale d'agriculture. (Page 103.)

38° Que, néanmoins, des dénégations se sont produites à ce sujet, de la part de M. Mouillefert, délégué de l'Académie des sciences, malgré les constatations contraires de ses collègues et les affirmations de tous ceux qui ont vu. (Page 104.)

39° Que ces dénégations ont donné lieu à d'énergiques protestations de la part de M. le curé de Chérac et par le propriétaire du vignoble de Mongaugé, qui a accentué, dans une nouvelle lettre au Ministre, ses précédentes affirmations, reposant toutes sur des faits qui avaient été contrôlés. (Pages 104 à 106.)

40° Que cependant il est juste de reconnaître qu'une *nouvelle* invasion de l'insecte s'est produite en juillet, époque de la pullulation et des migrations du phylloxéra, mais seulement huit mois après que le travail avait été pratiqué (Page 107.)

41° Que, dès lors, on peut dire que tout l'effet utile du traitement s'est produit, surtout quand on considère que les extrémités et le centre du champ d'expériences n'avaient pas été opérés, que leurs ceps étaient abondamment pourvus de phylloxéras, ainsi qu'il a été reconnu, et que, dès lors, cette nouvelle invasion a pu être déterminée *uniquement* par une influence de voisinage, comme dans tous les cas de contagion par contact. (Pages 107 à 112.)

42° Que, d'ailleurs, la submersion qui produit des résultats certains, présente les mêmes inconvénients à la même époque, surtout la première année de l'opération, mais toujours par invasion partielle, ainsi que cela est arrivé à Mongaugé, sur 12 ceps seulement. (Pages 107 à 112.)

43° Qu'en tout cas, l'expérience a été concluante, puisqu'elle a donné ces deux résultats qui résument tout : la vigne améliorée, la récolte assurée, et que, dès lors, M. Mouillefert n'était pas fondé en qualifiant ces résultats de « nuls ou insignifiants, » ainsi que l'a fait ressortir le propriétaire du vignoble dans sa lettre au Ministre. (Pages 107 à 112.)

44° Mais que si le retour offensif de l'insecte à l'époque des grandes chaleurs est un fait certain, même lorsqu'il s'agit des travaux les mieux réussis, comme la submersion, il en ressort la nécessité de se prémunir désormais contre ce fait. (Page 110.)

45° Que sans préjudice de tous les points de détails que comporte une question aussi complexe, il est bien acquis qu'il ne peut y avoir de résultat probant qu'à la condition de faire agir des produits sur lesquels la terre ait peu de prise, et dont l'effet de durée puisse être prolongé le plus possible. (Page 110.)

46° Que le sulfure de carbone est, parmi les composés chimiques, celui qui possède ces propriétés au plus haut degré, mais à la condition expresse de régler son action, puisqu'en raison de sa très-grande volatilité il tue la vigne lorsqu'on l'emploie sans discernement. (Page 113.)

47° Qu'il est acquis qu'en injectant le bois de sulfure de carbone pur ou mélangé à des huiles essentielles, on l'emprisonne ainsi dans des cellules, desquelles il ne peut plus sortir librement quand les surfaces extérieures du bois ont été recouvertes d'enduits divers qui en ferment tous les pores et s'opposent ainsi à toute émission, à la volonté de l'opérateur. (Page 114.)

48° Qu'étant ainsi emprisonné dans de petits prismes du poids de 25 à 30 grammes, auxquels on peut faire absorber jusqu'à leur propre poids de sulfure, celui-ci reste absolument captif, au point de n'accuser aucune déperdition dans l'espace de quinze jours et plus, même dans un milieu ou la température oscille entre $+ 15$ et $+ 25°$. (Pages 114 à 117.)

49° Que dans ces conditions de simples piqûres d'aiguille à la surface du bois suffisent pour déterminer les émissions ; que ces dernières sont nécessairement proportionnelles au nombre, à la profondeur et au diamètre des piqûres, mais que leur nombre peut être réglé à volonté, aussi facilement qu'un robinet d'eau ou de gaz. (Page 116.)

50° Qu'étant donné des petits morceaux de bois ainsi préparés, il n'y a plus qu'à les enfouir aux pieds des vignes, en les répartissant autour du système radiculaire. (Pages 116 à 119.)

51° Que ces bois peuvent n'être employés qu'à l'époque de la pullulation et des migrations souterraines, afin de prévenir le retour offensif de l'ennemi, lors des saisons chaudse, et que, dans ce cas, les émissions du sulfure de carbone seront nécessairement proportionnelles à la température de la couche arable. (Page 119.)

52° Qu'il se pourrait que ce moyen, considéré comme complémentaire, devînt principal et unique, en raison même de son extrême facilité d'application, puisqu'il n'exige ni feu, ni eau, ni aucun travail préparatoire, et qu'il serait parfaitement praticable partout, à l'aide d'une femme et d'un enfant. (Page 119.)

53° Qu'il est acquis dès maintenant que 200 gr. de sulfure de carbone ainsi emprisonnés sont le maximum nécessaire pour agir sur 1 mètre cube de terre; que dès lors, la moitié suffirait pour un sol de 0 m. 50 de profondeur, sans préjudice de l'espoir très-sérieux de réduire encore de moitié les quantités ci-dessus. (Page 119.)

54° Qu'en tout cas, il a été impossible de tuer un seul cep de vigne en employant ce moyen, et même en portant les doses jusqu'à 500 grammes de sulfure par cep. (Page 120.)

55° Que sans préjuger en aucune façon sur les résultats définitifs qui pourront être obtenus, il y a lieu, néanmoins, d'espérer beaucoup de ces nouvelles applications, qui augmenteront incontestablement le nombre et la puissance des moyens d'action dont on a pu disposer jusqu'ici (1). (Page 120.)

---

(1) Au sujet des *engagements pris* et des *garanties offertes* aux viticulteurs pour les opérations à pratiquer chez eux, nous croyons devoir renvoyer au texte même, page 121 à 228, car ce serait assez long à résumer, et sans utilité bien réelle.

56° Qu'en l'état actuel de la question, il y a lieu d'espérer que, dans l'avenir, le concours de tous aidant, la dépense par hectare n'excédera pas 400 fr., si même elle atteint ce chiffre, et que — *bien certainement* — le meurtrier de la vigne sera vaincu. (Page 129.)

57° Que le retour offensif de l'insecte pourra être à craindre tant que la masse des intéressés ne sera pas contrainte, dans l'intérêt public, d'appliquer les moyens qui auront donné des résultats certains. (Page 129.)

58° Que l'anéantissement général, absolu et complet du phylloxéra ne saurait être assuré, en raison de l'étendue très-considérable des surfaces envahies et de la prodigieuse facilité de reproduction de l'insecte. (Page 130.)

59° Que d'ailleurs, il n'est pas de nécessité rigoureuse et absolue d'en arriver à une destruction intégrale pour permettre à la vigne de végéter normalement et de donner sa pleine et entière récolte, mais qu'il y a certainement lieu d'espérer qu'avec le temps, le mal ira sans cesse en s'amoindrissant, ainsi qu'on l'a *toujours* constaté dans tous les cas d'épidémies et d'épyphyties. (Page 130 à 131.)

60° Qu'envisagée dans ses conséquences, la destruction du phylloxéra promet de devenir d'un grand secours pour l'agriculture, attendu que, jusqu'ici, on ne s'est point encore attaché d'une manière spéciale, à la destruction des insectes nuisibles qui causent, chaque année, à l'agriculture, des dégâts considérables, et qu'il se pourrait très-bien que les pertes éprouvées, dans ces derniers temps, par la viticulture, fussent largement compensées dans l'avenir, au profit de l'agriculture et du rendement général des produits. (Pages 133 et 134.)

61° Qu'à ce sujet, les travaux de Doyère permettent aussi de concevoir de légitimes espérances en faveur de la conservation des blés, à l'aide des bois injectés au sulfure de carbone, comme moyen de destruction du charançon, sans parler du doryphora, du ver blanc et de tous les parasites et rongeurs qui font trop souvent le désespoir de l'agriculture. (Page 134.)

62° Que lorsqu'on envisage les conséquences industrielles et commerciales de la destruction du phylloxéra, et que l'on considère l'importance des étendues envahies, on arrive à cette conclusion que les agents destructeurs étant trouvés, la difficulté consistera à se procurer assez de matières premières et assez de produits fabriqués pour pouvoir suffire à tous les besoins dans un délai qui devra nécessairement être assez court, et qu'il y a lieu, dès lors, de s'en préoccuper très-sérieusement si l'on ne veut être pris au dépourvu, ou exposé à d'assez grandes perturbations. (Pages 135 et 136.)

69° Qu'en effet, et en admettant que les sulfocarbonates puissent donner la solution, il est impossible de concevoir comment on pourrait obtenir, à bref délai, assez de matières premières et assez de produits fabriqués pour répondre à des besoins aussi considérables et à des nécessités aussi immédiates. (Pages 136 à 137.)

64° Qu'il en est de même d'ailleurs, avec tous les autres produits proposés, et que sous quelque face qu'on envisage ce côté de la question, on est véritablement effrayé en voyant les chiffres auxquels on aboutit forcément. (Pages 137 à 140.)

65° Que dès lors, la conclusion qui s'impose est celle-ci : *C'est la diversité des solutions qui sera la meilleure solution*, puisque même en admettant plusieurs moyens efficaces, et donnant de bons résultats pratiques et économiques, il est encore impossible d'entrevoir nettement la possibilité d'y satisfaire. (Page 140.)

66° Qu'en outre, une autre difficulté surgit quand on descend au fond de la question, c'est que même en admettant plusieurs bonnes solutions, il n'est pas douteux que les intéressés, restant toujours libres dans leurs choix, donneront nécessairement la préférence au moyen qui leur donnera satisfaction au plus bas prix ; que, par conséquent, on n'aura pas même la ressource de plusieurs solutions, et qu'il faut, dès lors, s'en préoccuper à l'avance. (Page 140.)

67° Et qu'enfin il faut, dans l'intérêt patriotique de la question, montrer à l'industrie et au commerce ces larges perspectives, puisque le concours de tous est nécessaire en présence d'un intérêt national en péril. (Pages 141 et 142.)

FIN

Nous prions instamment les viticulteurs, ainsi que tous ceux que la question intéresse à un titre quelconque, de vouloir bien ne pas nous épargner leurs réflexions, leurs critiques, leurs conseils ou leurs communications intimes. Nous y répondrons, si on le désire, dans le *Journal d'Agriculture pratique*.

L'histoire de cette autre invasion promet d'être féconde en enseignements de toutes sortes. Il ne faut pas qu'ils soient perdus, car les réalités de la vie ne s'apprennent pas autrement; elles intéressent tout le monde, et ceux qui ont l'honneur de faire du travail utile et productif doivent se donner la main.

Novembre 1875

F. R.

TABLE DES MATIÈRES

2964.75. — Boulogne (Seine). — Impr. JULES BOYER.

LIBRAIRIE AGRICOLE

DE LA

MAISON RUSTIQUE

RUE JACOB, 26, A PARIS

DIVISION DU CATALOGUE

Juillet 1875.

MAISON RUSTIQUE DU XIXe SIÈCLE

CINQ VOLUMES GRAND IN-8° A DEUX COLONNES

ÉQUIVALANT A 25 VOLUMES IN-8° ORDINAIRES, AVEC 2,500 GRAVURES

REPRÉSENTANT

LES INSTRUMENTS, MACHINES, ANIMAUX, ARBRES, PLANTES, SERRES
BATIMENTS RURAUX, ETC.

PUBLIÉS SOUS LA DIRECTION DE

MM. BAILLY, BIXIO ET MALPEYRE

TABLE DES PRINCIPAUX CHAPITRES DE L'OUVRAGE

TOME Ier. — AGRICULTURE PROPREMENT DITE

Climat.	Labours.	Conservation des récoltes.	Plantes-racines.
Sol et sous-sol.	Ensemencements.		Plantes fourragères.
Amendements.	Arrosements.	Voies de communication.	Maladies des végétaux.
Engrais.	Irrigations.		
Défrichement.	Récoltes.	Céréales.	Animaux et insectes nuisibles.
Dessèchement.	Clôtures.	Légumineuses.	

TOME II. — CULTURES INDUSTRIELLES, ANIMAUX DOMESTIQUES

Plantes oléagineuses.	Houblon.	Pharmacie vétérinaire.	Cheval, âne, mulet.
— textiles.	Mûrier.		Races bovines.
— économiques.	Arbres : olivier,	Maladies des animaux.	— ovines.
— potagères.	— noyer.		— porcines.
— médicinales.	— de bordures.	Anatomie.	Basse-cour.
— aromatiques.	— de vergers.	Physiologie.	Lapin, pigeon.
— tinctoriales.	Animaux domestiques.	Élevage et engraissement.	Chiens.

TOME III. — ARTS AGRICOLES

Lait, beurre, fromage.	Laine.	Lin, chanvre.	Résines.
Incubation artificielle.	Vers à soie.	Fécule.	Meunerie.
	Abeilles.	Huiles.	Boulangerie.
Conservation des viandes.	Vins, eaux-de-vie.	Charbon, tourbe.	Sels.
	Cidres, vinaigres.		
	Sucre de betterave.	Potasse, soude.	Chaux, cendres.

TOME IV. — FORÊTS, ÉTANGS ; ADMINISTRATION ; CONSTRUCTION

Pépinières.	Empoissonnement.	Administration.	Constructions.
Arbres forestiers.	Législation rurale.	Choix d'un domaine.	Attelages.
Culture des forêts.	Droits de propriété.	Estimation.	Mobilier.
Exploitation.	Bail, Cheptel.	Acquisition.	Bétail, engrais.
Abatage.	Biens communaux.	Location.	Systèmes de culture.
Estimation.	Police rurale.	Améliorations.	Ventes et achats.
Pêche, Étangs.	Aménagement.	Capital.	Comptabilité.
	Plantation.	Personnel.	

TOME V. — HORTICULTURE

Terrain, engrais.	Semis, greffes.	Jardin fruitier.	Plans de jardins.
Outils, paillassons.	Pépinières.	— fleuriste.	Calendrier du Jardinier,
Couches, bâches.	Taille.	— potager.	
Terras.	Arbres à fruits.	Culture forcée.	— du forestier.
Orangerie.	Légumes.	Fleurs.	— du magnanier.

Prix des 5 volumes (ouvrage complet) . . . . **39 fr. 50**
Chaque volume pris séparément . . . . **9 fr. »**

Il n'y a pas d'agriculteur éclairé, pas de propriétaire qui ne consulte assidûment la *Maison rustique du dix-neuvième siècle* ; ce livre, qui est encore l'expression la plus complète de la science agricole pour notre époque, peut former à lui seul la bibliothèque du cultivateur. 2,500 gravures réparties dans le texte parlent aux yeux et donnent aux descriptions une grande clarté.

AGRICULTURE GÉNÉRALE

Agenda agricole pour 1875, aide-mémoire publié à Genève par L. Archinard et H. de Westerweller 2.50

Almanach du Cultivateur, pour 1875, par les Rédacteurs de la *Maison rustique*. 192 pages in-32 et nomb. grav. . . .   ».50

Annales de l'Institut agronomique de Versailles.
1re Partie : Rapports sur l'administration, par Lecouteux ; sur l'alimentation du bétail, par Baudement ; sur les insectes nuisibles aux colzas, par Focillon ; etc., etc. In-4° de 272 p. et 8 planches. . . . .   5. »
2me Partie : Recherches sur l'alacrité des céréales, par Doyère. In-4° de 146 pages et 8 planches. 3.50

Annuaire de l'agence centrale des agriculteurs de France. Engrais, instruments, semences. Petit in-18 de 218 pages 1.25

Primes d'honneur, décernées dans les concours régionaux en 1868. Grand in-8° de 582 pages, 19 planches coloriées et nombreuses figures dans le texte. . . . .   20. »

Mémorial du propriétaire-améliorateur ; emploi et dosage des amendements calcaires. In-12 de 296 p. . .   2.50

AVÈNE (Baron d'). — **Le Propriétaire-Agriculteur,** guide raisonné de la culture intensive. In-18, 124 pages 1.25

BARRAL. — **Le Bon Fermier,** pour 1875, aide-mémoire du cultivateur, avec une *Revue agricole de* 1874, par de Céris, Gayot, Heuzé, Marié-Davy, etc. Fort vol. in-18 de 1567 p. et 100 gr.   7. »
Une nouvelle édition du *Bon Fermier* est publiée tous les ans, avec revue de l'année écoulée et addition des nouveautés.

BROUX (Ed.). — **Mathieu de Dombasle,** sa vie et ses œuvres, br. gr. in-8° de 116 pages avec portrait de M. de Dombasle.   2. »

BODIN (J.). — **Éléments d'agriculture,** 5me édition in-18 de 396 pages et 42 gravures . . . .   2. »

BORIE (Victor). — **Les douze mois, Calendrier agricole.** In-8° à deux colonnes, de 380 pages et 80 grav. 3.50

—— **Les Travaux des champs** (*Bibl. du Cultiv.*). In-18 de 188 pages et 121 grav. 1.25

—— **Les Jeudis de M. Dulaurier** (*Bibl. des écoles primaires*), 2 vol. in-18 ensemble de 272 pages et 97 gravures. . . .   1.60

BARTON. — **Manuel théorique et pratique du défrichement.** In-8° de 400 pages. . . . .   4. »

BUJAULT (Jacques). — **Œuvres de Jacques Bujault.** 3e édit. In-8° de 540 pages et 33 grav. . . . .   6. »

GUILLON. — **Vade-mecum de l'agriculteur provençal.** 2me édit. In-16 de 136 pages . . . . 2. »

HAVRINCOURT (marquis d'). — **Notice sur le domaine d'Havrincourt.** 1 vol. in-8° de 200 pages, 31 grav. 2 plans coloriés. 15. »

HEUZÉ (Gustave). — **Assolements et systèmes de culture.** 1 vol. in-8° de 536 pages avec nombreuses gravures . . 9. »

—— **Formules des fumures et des étendues en fourrages** (*Bibl. du Cult.*). In-18 de 72 pages 1.25

HEUZÉ (Paul). — **Les Agriculteurs illustres** (*Bibl. du Cult.*). In-18 de 128 pages et 2 grav. 1.25

JOIGNEAUX (P.). — **Causeries sur l'agriculture et l'horticulture.** 2me édit. 1 vol. in-18 de 402 pages et 27 grav. . 3.50

—— **Les Champs et les Prés** (*Bibl. du Cult.*). In-18 de 154 p. 1.25

—— **Petite école d'agriculture** (*Bibl. des écoles primaires*). Un vol. in-18 de 124 pages et 42 grav. cartonné toile. . 1.25

KERGORLAY (de). — **Exploitation agricole de Canisy,** broch. grand in-8° de 24 pages et 52 grav. . . . . 1. »

LAURENÇON. — **Traité d'agriculture élémentaire et pratique** (*Bibl. des écoles primaires*). 2 vol. in-12, ensemble de 248 pages et 44 grav. 1.50

LECOUTEUX. — **Principes de la culture améliorante.** 3me éd. 1 vol. in-18 de 368 pages. 3.50

—— **Labourage à vapeur et labours profonds,** résultats du concours international de Petit-Bourg en 1867. Un vol. grand in-8° à deux colonnes de 96 pages et 14 grav. . . 3. »

LEFOUR. — **Culture générale et instruments aratoires** (*Bibl. du Cult.*). In-18 de 174 pages et 135 grav. 1.25

LIEBIG. — **Lettres sur l'agriculture moderne,** traduites par le docteur Théodore Swarts. 1 vol. in-18 de 244 pages. . 3.50

LULLIN DE CHATEAUVIEUX. — **Voyages agronomiques en France.** 2 vol. in-8°, ensemble de 1,032 pages. . . . . 12. »

MASURE. — **Leçons élémentaires d'agriculture,** à l'usage des agriculteurs praticiens, et destinées à l'enseignement agricole dans les écoles spéciales d'agriculture.

  Première partie : les plantes de grande culture, leur organisation et leur alimentation. In-18 de 330 p. et 32 grav. . 3.50

  Deuxième partie : Vie aérienne et vie souterraine des plantes de grande culture. 1 vol. in-18 de 477 pages et 20 grav. 3.50

Paté (J.-B.). — **Mes revers et mes succès en agriculture,** 1 vol. in-8° de 126 pages. . . . . 2. »

Perny de M***. — **A B C de l'agriculture pratique et chimique.** 4me édit. 1 vol. in-12 de 360 pages. 3.50

Pichat et Casanova. — **Examen de la question agricole en Dombes.** In-8° de 72 pages avec tableaux. 1.50

Ponce (J.). — **Traité d'agriculture pratique et d'économie rurale.** 1 vol. in-18 de 278 pages et 40 planches. . . . 1.75

Puvis (A.). — **Traité des amendements.** In-18 de 440 p. . 3.50

Richard (du Cantal). — **Dictionnaire raisonné d'agriculture et d'économie du bétail,** 2° éd. deux forts volumes in-8° ensemble de 1425 pages. . . . . 16. »

Riondet. — **Agriculture de la France méridionale,** ce qu'elle a été, ce qu'elle est, et pourrait être. In-18 de 384 p. 3.50

Schwerz. — **Manuel de l'agriculteur commençant** (*Bibl. du Cult.*), traduit par Villeroy. In-18 de 382 pages. 1.25

CULTURES SPÉCIALES

(*Céréales, plantes fourragères, vigne, etc.*)

Carrière. — **La Vigne.** 1 vol. in-18 de 396 pages et 122 grav. . 3.50

Charrel. — **Traité de la culture du mûrier.** In-8°, 268 p. . 1.75

Chavannes (de). — **Le Mûrier,** manière de le cultiver avec succès dans le centre de la France. 1 vol. in-8° de 128 pages. . . 1.25

Collignon d'Ancy. — **Nouveau mode de culture et d'échalassement de la vigne.** In-8° de 200 p. et 3 planches. 3. »

Desforges. — **Préservatif certain contre la gelée des vignes,** broch. in-8° de 16 pages et 8 grav. . . . . . . ».50

Erath. — **Le Houblon** (*Bibl. du Cult.*), traduit par Nicklès. In-18 de 136 pages et 22 grav. 1.25

Gagnaire. — **Culture extensive de la pomme de terre Early rose** et de ses congénères, broch. in-12 de 48 pages. ».50

Gasparin (de). — **Culture du safran** aux environs d'Orange. In-8° de 35 pages. . . . . ».75

Grandeau et Schlœsing. — **Le Tabac,** sa culture (*Bibl. du Cult.*). In-18 de 114 pages avec tableaux. 1.25

Guérin. — **Le Phylloxera et les Vignes de l'avenir,** 1 fort vol. in-8° de 348 pages. . . . . 4. »

—— **Instituts et pépinières viticoles,** broch. in-8° de 80 p. » 50

Guyot (Jules). — **Culture de la vigne et vinification.** 2me éd. 1 vol. in-18 de 426 pages et 30 grav. 3.50

Michaux. — **Plus d'échalas** ; remplacés par des lignes de fil de fer mobiles. In-8° de 18 pages et une planche . . . » 40

Midy (F.). — **Nouvelle manière de cultiver et de récolter les betteraves.** 2ᵐᵉ éd. In-8° de 48 pages . . . . 1. »

Moerman (Th.). — **La Ramie, ou Ortie blanche sans dards,** plante textile ; sa description, son origine, sa culture, sa préparation industrielle, broché grand in-8° de 112 pages. . 2. »

Moitrier. — **Culture de l'osier et art du vannier.** 2ᵐᵉ éd. In-8°, 60 pages et 3 planches. 2.50

Odart (Comte). — **Ampélographie universelle** ou Traité des cépages les plus estimés. 5ᵐᵉ éd. 1 vol. in-8° de 650 pages. 7.50

Riondet. — **L'Olivier** (*Bibl. du Cult.*). In-18 de 140 pages . . . 1.25

Vergne (de la). — **Soufrage de la vigne,** Instruction pratique. 1 vol. in-18 de 82 pages et une planche. 1.50

Vias. — **Culture de la vigne en chaintres.** 2ᵐᵉ édit. In-8° de 84 pages et 24 grav. 2.50

Ville (Georges). — **Maladie des pommes de terre.** Grand in-8° de 32 pages. . . . . 1. »

—— **La Betterave et la Législation des sucres.** Grand in-8° de 48 pages et 2 planches 1.25

ANIMAUX DOMESTIQUES

Herd-Book français, registre des animaux de pur sang, de la race bovine courtes cornes améliorée, dite race de Durham, nés ou importés en France, publié par le ministère de l'agriculture. 7 vol. in-8° ; chaque vol. se vend 5 fr.

Tome Iᵉʳ (épuisé). — II (1858). — III (1862). — IV (1866) 2 vol. — V (1869). — VI (1872). — VII (1874).

Ayrault. — **L'Industrie mulassière en Poitou.** 1 vol. in-18 de 200 pages et 3 planches . . . . 3. »

Bénion. — **Les Races canines** ; origine, transformations, élevage, amélioration, croisement, éducation, races, maladies, taxes, etc. 1 vol. in-18 de 260 pages et 12 grav. 3.50

Borie (Victor). — **Les Animaux de la ferme,** espèce bovine. 1 très-beau volume, grand in-4°, imprimé avec luxe, renfermant 336 pages avec 65 gravures noires intercalées dans le texte et 46 aquarelles dessinées d'après nature par Ol. de Penne, représentant tous les types de la race bovine.

Cartonné. . . . . 85. »

Richement relié. . . . . 100. »

Kühn (Julius). — **Traité de l'alimentation des bêtes bovines**, traduit de l'allemand sur la cinquième édition par F. Roblin. Petit in-8° de 390 pages et 61 grav. . . . . . 5. »

La Blanchère (de). — **Les Chiens de chasse**, races françaises et anglaises, chenils, élevage et dressage, maladies (traitement allopathique et homœopathique). 1 beau vol. gr. in-8° de 300 pag. et 53 grav. (Dessins par Cl. de Penne). . . . 6. »

    Le même, avec 8 planches coloriées. . . . . 8. »

Lamoricière (Général de). — **L'Espèce chevaline en France.** 1 fort vol. in-4° de 312 pages et 3 cartes coloriées. . . . 5. »

Lefour. — **Le Mouton**, 1 vol. in-18 de 392 pages et 76 grav. . 3.50

—— **Animaux domestiques**, Zootechnie générale (*Bibl. du Cult.*). In-18 de 154 pages et 33 grav. 1.25

—— **Cheval, Ane et Mulet** (*Bibl. du Cult.*). In-18 de 180 pages et 136 grav. 1.25

Léouzon. — **Manuel de la porcherie** (*Bibl. du Cult.*). In-18 de 168 pages et 38 grav. 1.25

Magne. — **Choix des vaches laitières** (*Bibl. du Cult.*). In-18 de 144 pages et 39 grav. 1.25

Millet-Robinet (Mme). — **Basse-cour, Pigeons et Lapins** (*Bibl. du Cult.*). In-18 de 180 pages et 26 grav. 1.25

Morin (A.). — **L'Éleveur de poulains dans le Perche.** In-18 de 88 pages . . . . 1. »

Peillard. — **Ferrure physiologique.** In-16 132 p. et 30 gr. . 2. »

Pelletan. — **Pigeons, Dindons, Oies et Canards** (*Bibl. du Cult.*). 1 vol. in-18 de 180 pages et 29 grav. 1.25

Richard (du Cantal). — **Étude de la conformation du cheval**, suivant les principes élémentaires des sciences naturelles et de la mécanique animale. 4me éd. In-16 de 400 pages. 3.50

Saive (de). — **L'Inoculation du bétail.** In-8° de 102 pages. . 2.50

—— **Quelques mots sur l'inoculation du bétail.** In-8° de 64 pages. . . . . 1. »

Sanson (André). — **La Maréchalerie**, ou ferrure des animaux domestiques (*Bibl. du Cult.*). 1 v. in-18 de 180 pag. et 27 gr. 1.25

—— **Notions usuelles de médecine vétérinaire** (*Bibl. du Cult.*). In-18 de 174 pages et 13 grav. 1.25

—— **Les Moutons** (*Bibl. du Cult.*). In-18 de 168 p. et 56 grav. 1.25

—— **Traité de Zootechnie**, ou Économie du bétail. 4 vol. in-18, ensemble de 1,700 pages et 180 grav. . . . . . 14. »

    1er vol. (2e édition) : Zootechnie générale : organisation, fonctions physiologiques et hygiène des animaux domestiques agricoles, 444 pages, 74 grav.

2e vol. : Zootechnie générale : méthodes zootechniques. 354 pages, 12 grav.

3e vol. : applications ou zootechnie spéciale : cheval, âne, mulet. 364 pages, 18 grav.

4e vol. : applications ou zootechnie spéciale : bœuf, mouton, chèvre, porc. 572 pages, 89 grav.

Chaque volume se vend séparément 3.60

VIAL. — **Engraissement du bœuf** (*Bibl. du Cult.*). In-18 de 180 pages et 12 grav. 1.25

VILLEROT. — **Manuel de l'éleveur de chevaux ;** anatomie et physiologie du cheval ; principales races, emplois du cheval, éducation, hygiène. 2 vol. in-8° ensemble de 776 pages avec 121 gravures . . . . 12. »

—— **Manuel de l'éleveur de bêtes à laine.** 1 vol. in-18 de 336 pages et 54 grav. 3.50

—— **Manuel de l'éleveur de bêtes à cornes** (*Bibl. du Cult.*). In-18 de 308 pages et 85 grav. 1.25

ZUNDEL. — **Transport des animaux par chemins de fer,** améliorations à apporter au mode ordinaire. Petit in-8° de 56 pages. . . . . 1. »

INSECTES ET PETITS ANIMAUX
UTILES OU NUISIBLES

(Abeilles, vers à soie, etc.)

Congrès viticole et séricicole de Lyon en 1872 ; comptes rendus des travaux. In-8° de 278 pages. . . . . 5. »

ALMÉRIC (Frère). — **Les Abeilles et la Ruche à porte-rayons.** 1 vol. in-18 de 154 pages et 15 grav. 1.50

BASTIAN (F.). — **Les Abeilles,** traité théorique et pratique d'apiculture rationnelle. 1 vol. in-18 de 328 pages et 58 grav. 3.50

BOULLENOIS (de). — **Conseils aux nouveaux éducateurs de vers à soie,** 9me édit. In-8° de 248 pages. 3.50

D*** (Gustave). — **Le Hanneton,** ses ravages, moyens de le détruire. Broch. in-8° de 16 pages. . . . . ».75

DOTTIN. — **Recherches sur l'alucite des céréales.** In-4° de 146 pages et 3 planches. 3.50

GAYOT (Eug.). — **Mouches et Vers.** In-18 de 218 p. et 53 gr. . 3.50

Girard (Maurice). — **Entomologie appliquée ;** les insectes utiles et nuisibles. In-8° de 39 pages. 1.50

Givelet (Henri). — **L'Ailante et son bombyx ;** culture de l'ailante, éducation de son bombyx et valeur de la soie qu'on en tire. 1 vol. grand in-8° de 164 pages et 19 planches. . 5. »

Guérin. — **Le Phylloxera et les Vignes de l'avenir.** 1 fort vol. in-8° de 348 pages. . . . . 4. »

Guérin-Méneville — **Études sur la muscardine,** 1 vol. in-8° de 188 pages. . . . . 3. »

Laliman. — **Étude sur les divers phylloxera et leurs médications.** In-8° de 40 pages et 1 planche coloriée. . 1.25

—— **Origine du phylloxera** (Documents pour servir à l'histoire de l'). In-8° de 72 pages. . . . . 2. »

Masquard (de). — **Les Maladies des vers à soie.** In-8° de 64 pages. 1.75

—— **Congrès séricicole de Montpellier,** br. in-8° de 24 p. ».50

Mona (A.). — **L'Abeille italienne,** art d'italianiser les ruches communes. In-18 de 45 pages. . . . . ».75

P** de M. — **Vers à soie,** régénération, cause de l'épidémie, moyen de la combattre. 3me éd. In-8° de 31 pages. . . . 2. »

Pelletan. — **Manuel pratique du microscope appliqué à la sériciculture** (procédés Pasteur). 1 vol. in-18 de 132 p. et 11 grav. . . . . 2. »

Personnat. — **Le Ver à soie du chêne** (bombyx Yama-maï), son histoire, sa description, ses mœurs, ses produits. 4me éd. In-8° de 132 pages, 2 grav. noires, et 3 planches coloriées. 3. »

—— **Le Ver à soie du chêne à l'exposition de** 1867. In-8° de 14 pages et 2 grav. . . . . 1. »

Ribeaucourt (de). — **Manuel d'apiculture rationnelle,** 2e édit. 1 vol. in-16 de 88 pages et 14 grav. . . . . 1. »

Roux (J.-F.). — **Les Vers à soie.** 1 vol. in-12 de 245 pages. . 1.25

Sagot (L'abbé). — **La Culture des abeilles** avec l'aumonière, ruche à cadres et greniers mobiles, petit traité spécial avec supplément. 1 vol. in-18 de 64 pages et 2 grav. et un supplément de 22 pages et 2 grav. 1.50

Le supplément, seul. . . . . ».50

CHIMIE AGRICOLE ET ENGRAIS
PHYSIQUE — MÉTÉOROLOGIE

BAUDRIMONT. — **Préparation et amélioration des fumiers,** et des engrais de ferme en général. Petit in-8° de 168 pages.   2. »

BORNER. — **Coquilles animalisées,** leur emploi en agriculture. In-8° de 8 pages. . . . . 1. »

—— **La tourbe en agriculture,** matière fertilisante, broch. gr. in-8° de 16 pages et une gravure. . . . . 1. »

—— **Calcaire à nitrification,** matière fertilisante, broch. gr. in-8° de 8 pages et une gravure. . . . . 1. »

—— **Le sel en agriculture,** absorption plus complète des engrais, etc., br. gr. in-8° de 16 pages. . . . . 1. »

—— **Tangue ou sablon calcaire marin,** br. gr. in-8° de 16 pages et une carte. . . . . 1. »

DUBOUT. — **Comptabilité du sol ;** enlèvement par les plantes et restitution par les engrais des substances organiques et minérales, 1 grand tableau colorié. 3.50

    Collé sur toile, verni, avec rouleaux. 6.50

GRANDEAU. — **Stations agronomiques et laboratoires agricoles,** but, organisation, personnel, budget, et travaux (*Bibl. du Cult.*). In-18 de 136 pages, 12 grav. et 1 tableau. 1.25

HEUZÉ (Gustave). — **Les matières fertilisantes,** engrais minéraux, végétaux et animaux, solides et liquides, naturels et artificiels. 4e édition 1 vol. in-8° de 798 pages et 41 gr. . 9. »

—— **Formules des fumures et des étendues en fourrages** (*Bibl. du Cult.*). In-18 de 72 pages. 1.25

HOUZEAU. — **Détermination de la valeur des engrais,** instruction pour l'emploi de l'azotimètre servant à doser l'azote des engrais. Gr. in-8° de 24 pages, avec tableaux. . . 1. »

JEANDEL. — **Études expérimentales sur les inondations.** In-8° de 146 pages ou tableaux. 2.50

LEFOUR. — **Sol et Engrais** (*Bibl. du Cult.*). In-18 de 176 pages et 54 grav. 1.25

LÉVY (D'). — **Amélioration du fumier de ferme** par l'association des engrais chimiques et la création de nitrières artificielles. In-18 de 152 pages. . . . . 2. »

MARIÉ-DAVY. — **Météorologie et physique agricoles.** 1 vol. In-18 de 400 pages et 55 grav. 3.50

1.

MARTIN (L.-H. de). — **Des engrais alcalins extraits des eaux de mer,** broch. in-8° de 16 pages.   ».50

MUSSA (Louis). — **Pratique des Engrais chimiques,** suivant le système Georges Ville (*Bibl. du Cult.*). In-18 de 144 pages.   1.25

PAGNOUL (A.). — **Station agricole du Pas-de-Calais,** compte-rendu de ses travaux et description des principales méthodes d'analyses employées.

    Année 1873. Broch. in-8° de 78 pages avec carte et plans.   1.50

    — 1874. Broch. in-8° de 68 pages avec carte et plans.   1.50

PETERMANN (A.) — **Les engrais chimiques et les matières fertilisantes,** à l'exposition universelle de Vienne en 1873. In-8° de 64 p. et 1 pl.   2.50

—— **La Composition moyenne des principales plantes cultivées,** tableau colorié.   3. »

PETIT (Th.). — **Les engrais chimiques dans le sud-ouest.** In-8° de 102 pages.   1. »

PIERRE (Isidore). — **Chimie agricole,** ou l'agriculture considérée dans ses rapports principaux avec la chimie. 2 vol. in-18 ensemble de 752 pages ou tableaux et 22 grav.   7 »

SACC. — **Chimie du sol** (*Bibl. du Cult.*). In-18 de 148 pages.   1.25

—— **Chimie des végétaux** (*Bibl. du Cult.*). In-18 de 220 pages.   1.25

—— **Chimie des animaux** (*Bibl. du Cult.*). In-18 de 154 pages.   1.25

STOCKHARDT. — **Chimie usuelle,** appliquée à l'agriculture et aux arts, traduite par Brustlein. In-18 de 524 p. et 225 gr.   4.50

VILLE (Georges). — **Recherches expérimentales sur la végétation,** mémoires et mélanges. 1 beau vol. grand in-8° de 400 pages, avec des gravures noires et 3 planches.   15. »

—— **La production végétale,** conférences agricoles de Vincennes en 1864, 1 beau vol. gr. in-8° de 460 pages.   7.50

—— **Les Engrais chimiques,** entretiens agricoles donnés aux champs d'expériences de Vincennes. 2 vol. in-18 ensemble de 816 p. avec gravures et planches :

    1er volume : Entretiens de 1867. 4e édition. 412 pages avec préface nouvelle. 4 gravures et 2 planches   3.50

    2me vol. : Entretiens de 1873-1874, *sous presse.*

—— **L'École des engrais chimiques,** premières notions de l'emploi des agents de fertilité (*Bibl. des écoles primaires*). In-12 de 108 pages et 1 planche.   1. »

—— **Résultats obtenus en 1868** au moyen des engrais chimiques. Grand in-8° de 75 pages.   2. »

    Le même. Édition in-18 de 155 pages.   1. »

INDUSTRIES AGRICOLES

(Vins, boissons et arts agricoles divers.)

DOYÈRE. — **L'Ensilage**, Petit in-8° de 48 pages . . . . ».75

GIBERT et VINAS. — **Chauffage des vins**, en vue de les conserver, les muter et les vieillir. 2° éd. 1 vol. in-18 de 143 p. et 8 grav. 1.25

GUYOT (Jules). — **Culture de la vigne et vinification**, 2° éd. 1 vol. in-18 de 426 pages et 30 grav 3.50

HUARD DU PLESSIS. — **Le Noyer, sa culture et fabrication des huiles de noix** *(Bibl. du Cultie.)*. In-18 de 175 pages, et 45 gravures. 1.25

MARTIN (de). — **Les Fouloirs, Pompes, Pressoirs,** au concours vinicole de Narbonne. 1 vol. in-8° de 68 pages avec tableaux. 2. »

—— **Rapports sur l'œnotherme de M. Terrel et sur les chaudières à échauder la vigne.** Br. in-8° de 24 pages avec deux planches 1.50

—— **Fabrication des vins,** broch. in-8° de 36 pages . . . 1.50

—— **L'eau et les matières colorantes ajoutées à la vendange,** broch. in-8° de 42 pages . . . . 2. »

—— **Le Coupage des vins** en œnologie méridionale, but, raison d'être et mode opératoire. Br. in-8° de 16 pages. . . . . ».50

MOIRIER. — **Culture de l'osier et art du vannier,** 2° éd. in-8°, 60 pages et 8 pl. 2.50

PERRET (Michel). — **Trois Questions sur le vin rouge.** In-8° de 10 pages et 4 grav. . . . . ».50

SEILLAN. — **Les Vins du Gers et eaux-de-vie d'Armagnac** Grand in-4° de 11 pages et 1 carte . . . . 1. »

TOUAILLON. — **La Meunerie,** la Boulangerie, la Biscuiterie, la Vermicellerie, l'Amidonnerie, la Féculerie, etc. 1 vol. in-18 de 452 pages . . . . 5. »

VERGNETTE-LAMOTTE. — **Le Vin.** 2° éd. 1 vol. in-18 de 402 pages, 91 grav. noires et 9 planches coloriées 3.50

VILLEROY. — **Laiterie, Beurre et Fromages.** 1 vol. in-18 de 392 pages et 50 grav. 3.50

ÉCONOMIE — STATISTIQUE ET LÉGISLATION
ENSEIGNEMENT ET COMPTABILITÉ

Enquête sur l'agriculture française, par une réunion de députés. 1 vol. in-8° de 246 pages. 2,50

AUDOT (L.-E.). — **La Cuisinière de la campagne et de la ville.** 1 vol. in-12 de 676 pages avec 200 grav. . . . . . 3. »

BÉHAGUE (de). — **Considérations sur la vie rurale**, un grand-père à ses petits-enfants. In-12 de 220 pages . . . . 2. »

BIGNON et DAMOURETTE. — **Concours sur le métayage**, mémoires. 1 vol. grand in-8° de 152 pages . . . . 3. »

BORIE (Victor). — **La Question du pot-au-feu**, organisation du commerce des viandes. In-8° de 48 pages. . . . . 1. »

— **L'Agriculture et la Liberté.** 1 vol. in-8° de 180 pages. . 4. »

BRETON (F.). — **L'Assistance publique et la bienfaisance au XIX° siècle.** 1 vol. in-8° de 176 pages 2,50

CARPENTIER. — **Entretien sur l'enseignement agricole en France**, broch. in-8° de 16 pages. . . . . » 50

CLARÉ (Em.). — **La Clef de la ferme**, étude sur la comptabilité agricole. In-8° de 88 pages. . . . . 1. »

DELAGARDE. — **Le Pain moins cher et plus nourrissant.** 1 vol. in-18 de 262 pages . . . . 3. »

DELAMARRE. — **La Vie à bon marché.** 2° éd. 1 vol. in-12 de 708 p. 3,50

DESBOIS. — **Le petit Barême agricole**, pour l'évaluation des récoltes. Br. in-18 de 24 pages ou tableaux. . . . . » 75

DOMBASLE (de). — **Économie politique et agricole.** 1 vol. in-18 de 194 pages 1,50

— **Écoles d'arts et métiers.** 1 vol. in-18 de 108 pages . . 1. »

DREUILLE (de). — **Du métayage et des moyens de le remplacer.** 1 vol. in-18 de 104 pages . . . . 1. »

DUBOST et PACOUT. — **Comptabilité de la ferme** (*Bibl. du Cultiv.*). 1 vol. in-18 de 124 pages ou tableaux. 1.25

Registres pour la comptabilité de la ferme, cinq vol. in-folio pot avec instructions pratiques. . . . . 10 »

Livre d'inventaire. — Livre de magasin de la ferme. — Livre de magasin à l'usage de la fermière. — Livre de caisse de la ferme. — Livre de caisse de la fermière.

Chaque registre se vend séparément. . . . . 2 »

LÉOUZON. — **Réforme de l'enseignement agricole.** In-8° de
27 pages. . . . .   1. »

LURIEU (de) ET ROMAND. — **Études sur les colonies agricoles**
de mendiants, jeunes détenus, orphelins et enfants trouvés
(Hollande, Suisse, Belgique et France). 1 vol. in-8° de 462 pages.   7.50

MÉREUST. — **Économie rurale de la Bretagne.** In-18 de 220 p.   2.50

MÉRESSE. — **Les Marais salants de l'Ouest**, leur passé, leur
présent et leur avenir. 1 vol. in-12 de 192 pages et 1 carte.   3. »

MICHAUX (Mme). — **La Cuisine de la ferme** (*Bibl. du Cultiv.*).
In-18 de 170 pages.   1.25

MILLET-ROBINET (Mme). — **Maison rustique des dames**, 9° éd.
revue et augmentée. 2 vol. in-18 ensemble de 1400 pages et
251 grav. broché. 7.75

CET OUVRAGE EST DIVISÉ EN QUATRE PARTIES :

Tenue du ménage.	Entremets. — Pâtisserie. — Bonbons.
Devoirs et travaux de la maîtresse de maison.	*Médecine domestique.*
Des domestiques. — De l'ordre à établir.	Pharmacie. — Médicaments.
Comptabilité. — Recettes et dépenses.	Hygiène et maladies des enfants.
	Médecine et chirurgie.
La maison et son mobilier.	Empoisonnements. — Asphyxie.
Chauffage. — Éclairage.	*Jardin. — Ferme.*
Cave et vins. — Boulangerie et pain.	Disposition générale du jardin.
Provisions du ménage. — Conserves.	Jardin fruitier, potager, fleuriste.
	Calendrier horticole.
Manuel de cuisine.	La ferme et son mobilier.
	Nourriture. — Éclairage.
Manière d'ordonner un repas.	Basse-cour. — Abeilles et vers à soie.
Potages. — Jus, sauces, garnitures.	
Viandes. — Gibier. — Poisson.	Vacherie. — Laiterie et fromagerie.
Légumes. — Purées. — Pâtes.	Bergerie. — Porcherie.

Relié, 10 fr. 75. — Relié, tranches dorées, 12 fr. 75.

—— **Maison rustique des enfants.** 1 beau vol. in-4° imprimé
avec luxe, de 320 pages, 120 grav. dans le texte, dessins de
Bayard, O. de Penne, Lambert, etc. et 20 planches hors texte :

   Prix broché. . . . .   8. »

   Richement relié. . . . .   12. »

—— **Conseils aux jeunes femmes** sur leur condition et leurs
devoirs de mère. 1 vol. in-18 de 284 pages et 30 grav. . .   3.50

—— **Économie domestique** (*Bibl. du Cultiv.*). In-18 de 228 pages
et 77 grav. 1.25

Perret. — **L'Agriculture et l'Enseignement primaire.**
In-8° de 28 pages . . . . » 60

Perrin de Grandpré. — **Crédit agricole et Caisses d'épargne.** In-8° de 18 pages . . . . 1. »

Poupon. — **L'Art de ramener la vie à bon marché,** et de créer des richesses incalculables. 1 vol. in-8° de 254 pages . . . . . 5. »

Quivogne. — **Suppression de l'administration des haras.** In-8° de 64 pages . . . . 1. »

Bondrag. — **Projet de crédit agricole,** 1 vol in-8° de 236 pages . 2. »

Royer. — **Statistique agricole de la France.** 1 vol. in-8° de 472 pages . . . . 5. »

—— **L'Agriculture allemande,** ses écoles, son organisation, ses mœurs et ses pratiques. 1 vol. in-8° de 542 pages 7.50

Saint-Aignan (de). — **La Crise agricole,** prise de loin et vue de haut. In-8° de 52 pages . . . . 1. »

Saint-Martin. — **Le Crédit agricole,** In-8° de 40 pages . . . . 2. »

—— **De la mendicité et des dépôts de mendicité.** In-8° de 98 pages . . . . 3. »

—— **L'institution des Caisses d'épargne,** son développement dans les communes rurales. In-8° de 19 pages . . . . 1. »

Saintoin-Leroy. — **Cours complet de comptabilité agricole.**

1° *Manuel de comptabilité agricole pratique*, en partie simple et en partie double, troisième édition, avec modèle des écritures d'une exploitation rurale pour une année entière. 1 vol. gr. in-8° et tableaux de 192 p. 3. »

2° *Comptabilité-matières de l'agriculteur*, Complément du *Manuel de comptabilité agricole pratique*, suivie du *Livre du travail*, et d'une *Méthode abrégée de tenue des livres agricoles en partie simple*. 1 vol. gr. in-8° de 144 pages, avec nombreux tableaux . . . . 4. »

3° *Comptabilité simplifiée, agricole et commerciale*, mise à la portée de la moyenne et de la petite culture, suivie de la *Comptabilité spéciale des marchands et des artisans*, à l'usage des écoles primaires de garçons et de filles. 1 vol. gr. in-8° et tableaux, de 96 pages . . . . 2. »

4° *Pratique de la tenue des livres en agriculture*, l'économie rurale et la comptabilité, 1 vol. grand in-8° de 156 pages et tableaux . . . . . . 3. »

Registres pour la grande et la moyenne culture.

Registre-Mémorial de l'agriculteur (comptabilité-matières), réunion de tous les tableaux nécessaires à la constatation de tous les faits d'une exploitation rurale. 1 vol. gr. in-4° oblong . . . . 3. »
Livre de caisse (comptabilité-espèces), registre en tableaux. Gr. in-4° obl. 2.50
Journal, registre en blanc réglé et folioté, 1 vol. gr. in-4° oblong 2.50
Grand-Livre, registre en blanc réglé et folioté. 1 vol. gr. in-4° oblong. 3. »
Cahier simplement quadrillé. 1 vol. petit in-4° oblong. 1.25
Agenda de poche du cultivateur, petit cahier à joindre à tous les Agendas usuels, de 36 pages, format in-18 ; prix des dix exemplaires 1.50
Comptabilité de la petite culture à l'aide d'un seul livre dit Mémorial-caisse, à l'usage de l'enseignement élémentaire de la comptabilité agricole dans les écoles primaires. In-4° oblong 1.25

Registres pour la comptabilité simplifiée.

Registre unique du cultivateur pour l'application de la comptabilité simplifiée. 1 vol. petit in-4° oblong, de 100 pages. . . . . 2. »
Le même, moins fort, pour les écoles . . . . » 60
Livre de caisse des marchands. 1 vol. petit in-4° oblong . . . . . 2. »
Livre de caisse des artisans. 1 vol. petit in-4° oblong . . . . . 2. »

Chaque volume ou registre se vend séparément.

VILLE (Georges). — **L'Agriculture par la science et le crédit.** Gr. in-8° de 44 pages. . . . . 1. »

VIOX (Camille). — **De la Réunion territoriale.** In-8° de 52 p. » 50

GÉNIE RURAL
MACHINES ET CONSTRUCTIONS AGRICOLES

BARRAL. — **Drainage des terres arables.** 3ᵉ éd. 2 vol. in-18 ensemble de 960 pages, 443 grav. et 9 planches . . . . . 7. »

—— **Irrigations, engrais liquides et améliorations foncières permanentes.** 1 vol. in-18 de 782 pages avec 138 grav. et 4 planches 7.50

—— **Législation du drainage, des irrigations et autres améliorations foncières permanentes.** 1 vol. in-18 de 664 pages, avec 18 grav. et 1 planche 7.50

Prix de l'ouvrage complet (les 4 volumes) . . . . . . 20. »

BERTIN. — **Des Chemins vicinaux.** In-8° de 111 pages . . . 1. »

—— **Code des irrigations.** 1 vol. in-8° de 182 pages . . . . 3. »

CASANOVA. — **Manuel de la charrue.** In-18 de 176 p. et 83 gr. 1.75

CHARPENTIER DE COSSIGNY. — **Les irrigations**, notions élémentaires théoriques et pratiques ; application aux terres en culture, jardins et prairies, 1 vol. gr. in-8° de 638 pages et 168 gravures. . . . . 5. »

DAMEY. — **Le Conducteur de machines à battre**, à manége ou à vapeur. 1 vol. in-18 de 108 pages et 4 grav. 1.50

GOUSSARD DE MAYOLLES. — **Moissonneuses, faucheuses et râteaux à cheval en 1873**, au concours international de Brizay, 1 vol. gr. in-8° de 216 pages avec gravures. . . 4. »

GRANDVOINNET. — **Constructions rurales : les Bergeries ;** dispositions diverses, constructions, matériel meublant. 1 vol. in-18 de 314 pages et 169 grav. . . . . 5. »

LAMBOT-MIRAVAL. — **Observations sur les moyens de reverdir les montagnes et de prévenir les inondations.** In-8° de 66 pages et 1 planche. . . . . 2. »

LECLERC. — **Matériel et procédés des exploitations rurales et forestières** (*Exposition universelle de 1867*).

1 vol. gr. in-8° de 432 pages, 59 figures intercalées dans le texte et 7 planches . . . . 4. »

Lecouteux. — **Labourage à vapeur et labours profonds,** résultats du concours international de Petit-Bourg en 1867. 1 vol. grand in-8° à deux colonnes de 96 pages et 14 grav. . . 3. »

Lefour. — **Culture générale et instruments aratoires** (*Bibl. du Cultiv.*). In-18 de 174 pages et 135 grav 1.25

Marker (Max.). — **Ventilation naturelle et artificielle des étables,** traduit par J. Leyder. In-8° de 86 pages. . . . . 2. »

Midy. — **Le Drainage et l'Irrigation.** In-8° de 22 pages. . . . » 50

Muller et Villeroy. — **Manuel des irrigations.** 1 vol. in-18 de 263 pages et 125 grav 3.50

Planet (de). — **La Vérité sur les machines à battre.** 1 vol. in-18 de 256 pages . . . . 2. »

Tranié (H.). — **Arrosage pratique,** canal d'irrigation de Lestelle. Gr. in-8° de 36 pages avec 3 planches. . . . . 3. »

Vidalin (F.). — **Pratique des irrigations** en France et en Algérie (*Bibl. du Cult.*). In-18 de 180 pages et 22 grav. . . . 1.25

Vignotti. — **Irrigations du Piémont et de la Lombardie.** 1 vol. in-18 de 94 pages . . . . » 75

Virebent. — **Le Drainage rendu facile et économique.** In-8° de 40 pages et 3 planches. 1.25

BOTANIQUE — HORTICULTURE

Almanach du Jardinier pour 1875, par les rédacteurs de la Maison rustique. 192 pages in-32 et nombreuses grav. » 50

Annuaire de l'horticulture belge (1875), par Burvenich, Pynaert, etc. Petit in-8° de 156 pages et 44 grav. . . 2. »

Le Bon Jardinier pour 1875, almanach horticole, par Poiteau, Vilmorin, Bailly, Decaisne, Naudin, etc., contenant :

Principes généraux de culture. — Calendrier du jardinier ou indication, mois par mois, des travaux à faire dans les jardins. — Description, histoire et culture des plantes potagères, fourragères, économiques. — Céréales. — Arbres fruitiers. — Oignons et plantes à fleurs. — Arbres, arbrisseaux et arbustes utiles et d'agrément. — Vocabulaire des termes de jardinage et de botanique. — Jardin des plantes médicinales. — Tableau des végétaux groupés d'après la place qu'ils doivent occuper dans les parterres, bosquets, etc.

Un vol. in-18 de plus de 1600 pages. . . . . 7. »

Cet ouvrage a été couronné par la Société d'horticulture.

Gravures du Bon Jardinier. 23ᵉ édition, contenant :

Principes de la botanique. — Marcottes, boutures, greffe et taille des arbres. — Appareils de la culture forcée. — Construction et chauffage des serres. — Outils et appareils de jardinage. — Composition et ornementation des jardins.

Un volume in-18 de plus de 600 pages avec plus de 700 planches ou gravures, ...   7. »

ANDRÉ (Ed.). — **Plantes de terre de bruyère,** description, histoire et culture des Rhododendrons, Azalées, Camellias, Bruyères, Epacris, etc. 1 vol. in-18 de 388 pages et 31 grav.   3.50

—— **Eucalyptus globulus,** broch. gr. in-8° de 16 pages et 2 grav.   1. »

AUDOT. — **Traité de la composition et de l'ornementation des jardins.** 6ᵉ éd. représentant en plus de 600 fig. des plans de jardins, modèles de décoration, machines pour élever les eaux, etc. 2 vol. in-4° oblong avec 168 planches gravées,   25. »

BALTET (Ch.). — **Culture des arbres fruitiers** au point de vue de la grande production, 2ᵐᵉ éd. 1 vol. gr. in-8° de 44 pages.   1. »

BENGY-PUYVALLÉE. — **Culture du pêcher.** 1 vol. in-18 de 230 pages et 3 planches 3.50

BONCENNE. — **Cours élémentaire d'horticulture** (*Bibl. des écoles primaires*). 2 vol. in-12 ensemble de 310 pages et 85 grav . .   1.50

BOSSIN. — **Les Plantes bulbeuses,** espèces, races et variétés avec l'indication des procédés de culture (*Bibl. du Jard.*). 2 vol. in-18 ensemble de 324 pages. 2.50

CARRIÈRE. — **Guide pratique du jardinier multiplicateur,** ou art de propager les végétaux par semis, boutures, greffes, etc. 2ᵉ éd. 1 vol. in-18 de 410 pages et 85 grav. 3.50

—— **Entretiens familiers sur l'horticulture,** 1 vol. in-18 de 384 pages 3.50

—— **Encyclopédie horticole.** 1 vol. in-18 de 550 pages . . .   3.50

—— **Production et fixation des variétés dans les végétaux.** 1 vol. in-8° de 72 pages avec 13 grav. et 2 pl. col.   2. »

—— **Les Arbres et la Civilisation.** In-8° de 416 pages. . .   5. »

—— **Variétés de pêchers et de brugnonniers,** description et classification. Grand in-8° de 104 pages et 1 planche. . .   2. »

—— **Nomenclature des pêches et brugnons.** Petit in-8°, 68 pages . . . .   1. »

—— **Origine des plantes domestiques,** démontrée par la culture du radis sauvage. In-8° de 24 pages et 11 grav. . . . .   1. »

—— **Les Pépinières** (*Bibl. du Jard.*). In-18 de 134 p. et 29 grav.   1.25

CHABAUD. — **Végétaux exotiques cultivés en plein air dans la région des orangers.** Gr. in-8° de 18 pages.   1. »

COURTOIS. — **Conférence sur l'arboriculture fruitière des jardins.** In-8° de 64 pages et 14 gr.   2. »

DAUZANVILLIERS. — **Les Gesnériacées,** culture et multiplication. In-18 de 81 pages.   1. »

DECAISNE ET NAUDIN. — **Manuel de l'amateur des jardins,** traité général d'horticulture. 4 vol. petit in-8° ensemble de plus de 3000 pages, comprenant plus de 800 fig.   80. »

     Chaque volume se vend séparément   7.50

DELCHEVALERIE. — **Les Orchidées,** culture, propagation, nomenclature (*Bibl. du Jard.*). In-18 de 134 pages et 82 grav.   1.25

—— **Plantes de serre chaude et tempérée,** Construction des serres, culture, multiplication, etc. (*Bibl. du Jard.*). In-18 de 156 pages et 9 grav.   1.25

DUMAS (A.). — **Culture maraîchère** pour le midi et le centre de la France (*Bibl. du Jard.*). 3e éd. in-18 de 232 pages.   1.25

—— **Calendrier horticole** pour le midi et le centre de la France. 2e éd. In-18 de 82 pages.   1.25

DUPUIS. — **Arbrisseaux et Arbustes d'ornement de pleine terre** (*Bibl. du Jard.*). In-18 de 122 pages et 25 grav.   1.25

—— **Arbres d'ornement de pleine terre** (*Bibl. du Jard.*). In-18 de 162 pages et 40 grav.   1.25

—— **Conifères de pleine terre** (*Bibl. du Jard.*). In-18 de 156 pages et 47 grav.   1.25

—— **L'Œillet,** son histoire, sa culture. Petit in-18 de 104 pages.   1. »

DEVILLERS. — **Parcs et Jardins.** 1 vol. grand in-folio de 80 pages et 40 planches en noir.   100. »

     Avec planches coloriées.   130. »

GAUDRY. — **Cours pratique d'arboriculture.** 1 vol. in-12 de 304 pages et 16 planches.   2.25

HARDY. — **Taille et greffe des arbres fruitiers.** 6e éd. 1 vol. in-8° de 412 pages et 134 grav.   5.50

HÉRINCQ, JACQUES ET DUCHARTRE. — **Manuel général des plantes, arbres et arbustes,** classés selon la méthode de Candolle ; description et culture de 25000 plantes indigènes d'Europe ou cultivées dans les serres. 4 vol. grand in-18 jésus à 2 colonnes, ensemble de 3200 pages.   36. »

     Chaque volume se vend séparément   9. »

Loisel. — **Asperge**, culture naturelle et artificielle (*Bibl. du Jard.*). In-18 de 108 pages et 8 grav. 1.25

——— **Melon**, nouvelle méthode de le cultiver sous cloches, sur buttes et sur couches (*Bibl. du Jard.*). In-18 de 108 pages et 7 grav. 1.25

Marx-Lepelletier. — **Roses, Pensées, Violettes, Primevères, Auricules, Balsamines, Pétunias, Pivoines, Verveines**, espèces, variétés, culture (*Bibl. du Jard.*). In-18 de 116 pages 1.25

Morel (Ch.). — **Culture des Orchidées**, instructions sur leur récolte, expédition et mise en végétation et liste descriptive de 550 espèces, 1 vol. in-8° de 196 pages. . . . . 5. »

Naudin. — **Le Potager**, jardin du cultivateur (*Bibl. du Jard.*). In-18 de 180 pages et 34 grav. 1.25

——— **Serres et Orangeries de plein air.** In-8° de 32 pages. » 75

Noisette. — **Manuel complet du jardinier.** 5 vol. in-8° ensemble de 2500 pages et 25 planches. . . . . 25. »

Ponce (J.). — **La Culture maraîchère pratique des environs de Paris.** 1 vol. in-18 de 320 pages et 15 pl. . . . 2.50

Préclaire. — **Traité théorique et pratique d'arboriculture.** 1 vol. in-8° de 182 pages et un atlas in-4° de 15 planches. 5. »

Puvis. — **Arbres fruitiers**, taille et mise à fruit. (*Bibl. du Jard.*). In-18 de 168 pages 1.25

Rafarin. — **Traité du chauffage des serres.** 1 vol. in-8° de 76 pages et 25 grav. 3.50

Remy (Jules). — **Champignons et Truffes.** 1 vol. in-18 de 174 pages et 12 planches coloriées. 3.50

——— **Le Jardinier des fenêtres, des appartements et des petits jardins.** 1 vol. in-18 de 275 pages et 40 grav. . 3.50

Robin (H.). — **Les plantes médicinales et usuelles** de nos champs, jardins, forêts. 1 vol. in-18 de 450 pages et 150 gr.; cartonné 3.50

Thibault. — **Le Pelargonium** (*Bibl. du Jard.*). In-18 de 116 pages et 10 grav. 1.25

Vilmorin-Andrieux. — **Les Fleurs de pleine terre**, comprenant la description et la culture des fleurs annuelles, vivaces et bulbeuses de pleine terre, 3° éd. 1 volume petit in-8° de 1572 pages, illustré de près de 1300 grav. . . . . . . 12. »

SYLVICULTURE

JOURNAUX — PUBLICATIONS PÉRIODIQUES

12ᵉ ANNÉE. — 1875

GAZETTE DU VILLAGE

Fondée par VICTOR BORIE

PARAISSANT TOUS LES DIMANCHES

Et formant chaque année un beau volume grand in-4° de 416 pages,
illustré de nombreuses gravures noires

Prix d'abonnement, rendu *franco* à domicile : un an . . . . 6 fr.
—   —   six mois . . . 3 fr. 50

Les abonnements partent du 1ᵉʳ janvier, ou 1ᵉʳ juillet de chaque année

10 centimes le numéro

Ce journal, contenant 8 pages à deux colonnes, format des journaux littéraires illustrés, publie, chaque semaine, des articles ayant pour but de mettre à la portée de toutes les intelligences les notions élémentaires d'économie rurale, les meilleures méthodes de culture, les inventions nouvelles ; de faire connaître les principales industries et les procédés employés par elles ; de populariser les voyages entrepris dans des contrées lointaines ; de raconter la vie des hommes utiles à l'humanité, et de tenir enfin les lecteurs au courant de tout ce qui se passe d'intéressant dans le monde industriel et agricole.

Une partie du journal, consacrée aux *lectures du soir*, contient un roman choisi avec la sollicitude la plus scrupuleuse.

Instruire et moraliser sans ennui, tel est le programme de la *Gazette du village*.

En vente :	1ʳᵉ année 1864	4	»
	2ᵉ — 1865	4	»
	3ᵉ — 1866	4	»
	4ᵉ — 1867	4	»
	5ᵉ — 1868 (épuisée)	»	»
	6ᵉ — 1869 (épuisée)	»	»
	7ᵉ et 8ᵉ années 1870-1871.	6	»
	9ᵉ année 1872	4	»
	10ᵉ — 1873	4	»
	11ᵉ — 1874	4	»

On s'abonne en envoyant un mandat de SIX francs sur la poste au directeur de la *Gazette du village*, rue Jacob, 26, à Paris.

47ᵉ ANNÉE. — 1875

REVUE HORTICOLE

JOURNAL D'HORTICULTURE PRATIQUE

FONDÉE EN 1829 PAR LES AUTEURS DU BON JARDINIER

Paraissant le 1ᵉʳ et le 16 de chaque mois par livraison grand in-8° de 24 pages à deux colonnes, avec une planche coloriée, d'après une aquarelle de Riocreux, et des gravures sur bois; et formant chaque année un beau volume in-8° de 480 pages avec 24 planches coloriées et de nombreuses gravures noires.

Rédacteur en chef : E.-A. CARRIÈRE

Chef des pépinières au Muséum d'histoire naturelle.

PRINCIPAUX COLLABORATEURS : MM. André, Aurange, Bailly, Baltet, Barillet, Batise, Boncenne, Bossin, Briot, Buchetet, Carbon, Clémenceau, Delchevalerie, Du Breuil, Dumas, Dupuis, Ermens, Faudrin, Gagnaire, Glady, Hardy, des Héberts, Hélye, Hénon, Houllet, Kolb, Jamain, Lachaume, de Lambertye, Lambin, Leroy, Lhérault, Margotin, Martins, Mayer de Joube, Nardy, Naudin, Neumann, Noblet, d'Ounous, Palmer, Pepin, Pulliat, Quetier, Rafarin, Rivière, Robine, Roué, Sisley, Ternisien, Thomas, Truffaut, Verlot, Vilmorin, Weber, etc.

UN AN : **20** fr. — SIX MOIS : **10** fr. **50**

Les abonnements partent du 1ᵉʳ janvier, ou du 1ᵉʳ juillet

PRIX DE L'ABONNEMENT D'UN AN POUR L'ÉTRANGER

Alsace et Lorraine. — Italie. — Belgique. — Suisse.	20
Angleterre. — Espagne. — Pays-Bas.	23
Allemagne. — Autriche. — Portugal. — Turquie	24
Égypte. — Grèce. — Russie	25
Colonies françaises. — Suède. — Moldo-Valachie	27
Amérique du Nord et du Sud.	28

Envoi franco d'un *Numéro spécimen* à toute personne qui en fait la demande.

— 29 —

39ᵉ ANNÉE. — 1875

JOURNAL

D'AGRICULTURE PRATIQUE

MONITEUR DES COMICES, DES PROPRIÉTAIRES ET DES FERMIERS

(Seconde partie de la *Maison rustique du dix-neuvième siècle*)

Fondé en 1837 par Alexandre Bixio

Paraissant toutes les semaines par livraisons de 48 pages, grand in-8° à deux colonnes, et formant chaque année deux beaux volumes in-8° ensemble de 1900 pages avec plus de 250 gravures noires.

Rédacteur en chef : E. LECOUTEUX

Propriétaire-Agriculteur
MEMBRE DE LA SOCIÉTÉ CENTRALE D'AGRICULTURE
SECRÉTAIRE GÉNÉRAL DE LA SOCIÉTÉ DES AGRICULTEURS DE FRANCE
MEMBRE HONORAIRE DE LA SOCIÉTÉ ROYALE D'AGRICULTURE D'ANGLETERRE.

Secrétaire de la rédaction : *A. de Céris.*

PRINCIPAUX COLLABORATEURS : MM. Bouley, Boussingault, Brongniart, Sainte-Claire-Deville, Drouyn de Lhuys, Duchartre, Dumas, Hervé-Mangon, Michel Chevalier, Naudin, Pasteur, Wolowski, membres de l'Institut ;

MM. de Béhague, Borie, Bouchardat, de Dampierre, Gayot, Heuzé, Magne, Moll, Nadault de Buffon, Reynal, de Vibraye, de Vogüé, membres de la Société centrale d'agriculture.

MM. Bobierre, Chazely, Couvert, Damourette, Grandeau, de La Blanchère, Victor Lefranc, Eug. Marie, Marié-Davy, Mayre, Millot, Mouillefert, Is. Pierre, Rampont, Touaillon, de Vergnette-Lamotte, G. Ville, et un nombre considérable d'agriculteurs, de savants, d'économistes, d'agronomes de toutes les parties de la France et de l'étranger.

UN AN : 20 fr. — SIX MOIS : 10 fr. 50

Les abonnements partent du 1ᵉʳ janvier ou du 1ᵉʳ juillet

PRIX DE L'ABONNEMENT D'UN AN POUR L'ÉTRANGER.

Alsace et Lorraine. — Italie. — Belgique — Suisse. 20
Angleterre. — Espagne. — Pays-Bas 25
Allemagne. — Autriche. — Portugal. — Turquie. 28
Égypte. — Grèce. — Russie. 30
Colonies françaises. — Suède. — Moldo-Valachie 33
Amérique du Nord et du Sud. 35

Envoi franco d'un *Numéro spécimen* à toute personne qui en fait la demande.

ENSEIGNEMENT PRIMAIRE AGRICOLE

Agriculture (*Petite école d'*) par P. Joigneaux, 1 vol. in-18 de 124
pages et 42 grav, cartonné toile. 1.25

Agriculture (*Traité élémentaire et pratique d'*) par Laurençon. 2 vol.
in-12 de 248 pages et 44 grav, ... 1.50

Alphabet et syllabaire, par Edm. Douay. In-12 de 64 pages et
25 grav. . . . . ».75

Arithmétique agricole, par Lefour. In-12 de 128 pages. . . . ».75

Devoirs de l'homme envers les animaux, par J. Chaix. In-12
de 128 pages. . . . . ».75

École des engrais chimiques, premières notions des agents de
la fertilité, par Georges Ville. In-18 de 108 pages. . . . . . . 1. »

Grammaire française raisonnée, par Edm. Douay. In-12 de
128 pages. . . . . ».75

Histoire du grand Jacquet, métayer, par Méplain et Tsisy.
In-12, 144 pages. . . . . ».75

Horticulture (*Cours élémentaire*), par Bonceme. 2 vol. in-12 ensemble de 310 pages et 85 gravures. 1.50

Jeudis de M. Dulaurier, par V. Borie. 2 vol. in-12 ensemble
de 272 pages et 97 grav. 1.50

Lectures et dictées d'agriculture, par G. Heuzé. In-12,
128 pages. . . . . ».75

Lectures choisies pour la campagne, par Halphen. In-18, 106
pages . . . . ».50

Loisirs d'un instituteur, par Vidal. In-12, 128 pages. . . . . ».75

300 problèmes agricoles, par Lefour. In-18, 36 pages. . . . . ».50

Huit tableaux muraux pour l'enseignement agricole.
1° Outils de main-d'œuvre ; — 2° Instruments d'extérieur de ferme ;
— 3° Instruments d'intérieur de ferme ; — 4° Plantes alimentaires et
industrielles ; — 5° Plantes fourragères ; — 6° Arbres fruitiers et
forestiers ; — 7° Animaux domestiques ; — 8° Hygiène des campa-
gnes, par P. Joigneaux. . . . . 2. »

Chaque tableau se vend séparément. . . . . ».30

BIBLIOTHÈQUE AGRICOLE ET HORTICOLE

45 VOLUMES A 3 FR. 50

A. B. C. de l'agriculture pratique et chimique, par Perny de M***, 4° éd. 360 pages.

Abeilles (les), traité théorique et pratique d'apiculture rationnelle, par Bastian, 348 pages 52 grav.

Agriculture et la population (l'), par L. de Lavergne. 472 pag.

Agriculture de la France méridionale, par Riondet. 484 pag.

Agriculture moderne (Lettres sur l'), par Liebig. 244 pages.

Amendements (Traité des), par A. Puvis. 440 pages.

Bêtes à laine (Manuel de l'éleveur de), par Villeroy. 336 p., 54 grav.

Botanique populaire, par Lecoq. 408 pages, 215 grav.

Causeries sur l'agriculture et l'horticulture, par Joigneaux. 403 pages, 27 grav.

Champignons et Truffes, par J. Remy. 174 pages, 12 pl. coloriées.

Cheval (Conformation du), par Richard (du Cantal). 400 pages.

Chimie agricole, par Is. Pierre. 2 vol. 752 pages, 22 grav.

Conseils aux jeunes femmes sur leur condition et leurs devoirs de mère, par Mᵐᵉ Millet-Robinet. 284 pages, 36 grav.

Culture améliorante (Principes de la) par Lecouteux. 368 pages.

Douze mois (les), Calendrier agricole, par V. Borie. 380 p., 80 gr.

Économie rurale de la France depuis 1789, par L. de Lavergne. 420 pages.

Économie rurale de l'Angleterre, de l'Écosse et de l'Irlande, par L. de Lavergne. 480 pages.

Économie rurale de la Belgique, par Laveleye. 304 pages.

Encyclopédie horticole, par Carrière. 550 pages.

Engrais chimiques, par Georges Ville, entretiens de 1867, 4° éd. 1 vol. in-18 de 412 pages, 4 gr. et 2 planches.

Entretiens familiers sur l'horticulture, par Carrière. 384 p.

Irrigations (Manuel des), par Muller et Villeroy. 263 p. et 123 grav.

Jardinier des fenêtres, des appartements et des petits jardins (le), par J. Remy, 278 pages, 40 grav.

Jardinier multiplicateur (Guide pratique du), par Carrière. 410 pages, 85 grav.

Laiterie, Beurre et Fromages, par Villeroy. 392 pages, 59 gr.

Leçons élémentaires d'agriculture, par Masure. 2 vol.

> Tome Ier : Les plantes de grande culture, leur organisation et leur alimentation, 230 pages, 32 grav.
> — II : Vie aérienne et vie souterraine des plantes de grande culture, 477 pages, 20 grav.

Météorologie et physique agricoles, par Marié Davy. 400 pag., 53 grav.

Mouches et Vers, par Eug. Gayot. 248 pages, 33 grav.

Mouton (le), par Lefour. 392 pages, 76 grav.

Pêcher (Culture du), par Bengy-Puyvallée. 230 pages et 3 planches.

Plantes de terre de bruyère, par Ed. André. 388 p., 31 grav.

Porc (le), par Gustave Heuzé. 334 pages et 56 grav.

Poulailler (le), par Ch. Jacque. 360 pages et 117 grav.

Races canines (les), par Bénion. 260 pages et 12 grav.

Sportsman (Guide du), par Eug. Gayot. 376 pages et 12 grav.

Vers à soie (Conseils aux nouveaux éducateurs), par de Boullenois. 3me édit., in-8° de 248 pages.

Vigne (la), par Carrière. 396 pages et 122 grav.

Vigne (Culture de la) et **vinification**, par J. Guyot. 2e éd. 426 pages, 30 grav.

Vin (le), par de Vergnette-Lamotte. 402 pages, 31 grav. noires et 3 planches coloriées.

Zootechnie (Traité de) ou Économie du bétail, par A. Sanson. 4 v.

> Tome Ier : Zootechnie générale : organisation, fonctions physiologiques et hygiène des animaux domestiques agricoles, 494 pages, 53 grav.
> — II : Zootechnie générale : Méthodes zootechniques, 354 pages, 12 grav.
> — III : Applications : cheval, âne, mulet, 364 pages, 18 grav.
> — IV : Applications : bœuf, mouton, chèvre, porc, 572 pages, 89 grav.

BIBLIOTHÈQUE DU CULTIVATEUR

44 VOLUMES IN-18 A 1 FR. 25

Agriculteur commençant (Manuel de l'), par Schwerz. 332 p.

Agriculteurs illustrés (les), par Paul Heuzé. 128 pages, 9 grav.

Animaux domestiques, par Lefour, 154 pages et 33 gravures.

Basse-cour, Pigeons et Lapins, par Mme Millet-Robinet. 5me édition. 180 pages, 26 grav.

Bêtes à cornes (Manuel de l'éleveur de), par Villeroy. 308 p. et 65 gr.

Calendrier du métayer, par Damourette. 180 pages.

Champs et les Prés (les), par Joigneaux. 154 pages.

Cheval (Achat du), par Gayot. 180 pages et 25 grav.

Cheval, Ane et Mulet, par Lefour. 180 pages et 136 grav.

Cheval percheron, par du Hays. 176 pages.

Chèvre (la), par Huard du Plessis. 164 pages et 42 grav.

Chimie du sol, par le Dr Sacc. 148 pages.

Chimie des végétaux, par le Dr Sacc. 220 pages.

Chimie des animaux, par le Dr Sacc. 154 pages.

Choux (culture et emploi), par Joigneaux. 180 pages et 14 grav.

Comptabilité et géométrie agricoles, par Lefour. 214 pages 104 grav.

Comptabilité de la ferme, par Dubost et Pacout. 124 pages.

Cuisine de la ferme (la), par Mme Michaux. 170 pages.

Culture générale et instruments aratoires, par Lefour. 174 pages et 135 grav.

Économie domestique, par Mme Millet-Robinet. 228 p. et 77 gr.

Engrais chimiques (Pratique des), par L. Mussa. 144 pages.

Engraissement du bœuf, par Vial. 180 pages et 12 grav.

Fermage (estimation, baux, etc.), par de Gasparin. 3e éd. 216 pages.

Fumures et des étendues en fourrages (formules des), par Gustave Heuzé. 2e édit. 72 pages.

Houblon, par Erath, traduit par Nicklès. 136 pages et 22 grav.

Irrigations (Pratique des), par Vidalin. 180 pages, 22 grav.

Lièvres, Lapins et Léporides, par Eug. Gayot. 216 pages; 15 gr.

Maïs-fourrage (Culture et ensilage du) et des autres fourrages verts, par E. Lecouteux. 144 pages et 13 grav.

Maréchalerie ou Ferrure des animaux domestiques, par Sanson. 180 pages et 27 grav.

Médecine vétérinaire (Notions usuelles de), par Sanson. 174 pages et 13 grav.

Métayage, par de Gasparin. 2e édition. 164 pages.

Moutons (les), par A. Sanson. 168 pages et 56 grav.

Noyer (le), sa culture, par Huard du Plessis. 175 pages et 45 grav.

Olivier (l'), par Riondet. 140 pages.

Pigeons, Dindons, Oies et Canards, par Pelletan, 180 p. et 20 gr.

Plantes oléagineuses (les), par G. Heuzé. 180 pages et 30 grav.

Porcherie (Manuel de la), par L. Léouzon. 168 pages et 38 grav.

Poules et Œufs, par E. Gayot. 216 pages et 40 grav.

Races bovines, par Dampierre. 2ᵉ édit. 192 pages et 28 grav.

Sol et Engrais, par Lefour. 176 pages et 54 grav.

Stations agronomiques et laboratoires agricoles, par L. Grandeau. 136 pages, 12 grav. et un tableau.

Tabac (le), sa culture, par Schlœsing et Grandeau. 114 pages.

Travaux des champs, par Victor Borie. 188 pages et 121 grav.

Vaches laitières (Choix des), par Magne. 144 pages et 30 grav.

BIBLIOTHÈQUE DU JARDINIER

19 VOLUMES IN-18 A 1 FR. 25

Arbres fruitiers. Taille et mise à fruit, par Puvis. 167 pages.

Arbres d'ornement de pleine terre, par Dupuis. 162 p., 40 gr.

Arbrisseaux et Arbustes d'ornement de pleine terre, par Dupuis. 122 pages et 25 grav.

Asperge. Culture, par Loisel. 108 pages et 8 grav.

Cactées, par Ch. Lemaire. 140 pages, 11 grav.

Conférences sur le jardinage et la culture des arbres fruitiers, par Joigneaux. 144 pages.

Conifères de pleine terre, par Dupuis. 156 pages et 47 grav.

Culture maraîchère pour le midi et le centre de la France, par A. Dumas. 232 pages.

Melon, Nouvelle méthode de le cultiver, par Loisel. 108 pag. et 7 gr.

Orchidées (les) par Delchevalerie. 134 pages, 32 grav.

Pelargonium (le), par Thibaut. 2ᵉ éd. 116 pages et 10 grav.

Pépinières (les), par Carrière. 134 pages et 29 grav.

Plantes bulbeuses, espèces, races et variétés, par Bossin. 2 vol. ensemble de 324 pages.

Plantes grasses autres que Cactées, par Ch. Lemaire. 156 p., 13 gr.,

Plantes de serre chaude et tempérée, par Delchevalerie. 156 pages, 9 grav.

Potager (le), jardin du cultivateur, par Naudin. 180 pag., 34 grav.

Roses, Pensées, Violettes, Primevères, Auricules, Balsamines, Pétunias, Pivoines, Verveines, par Marx-Lepelletier, 116 pages.

Rosier (Le), par Lachaume, 180 pages et 34 grav.

TABLE ALPHABÉTIQUE DES NOMS D'AUTEURS

AVIS IMPORTANT

Toute commande de livres doit être accompagnée du montant de sa valeur et des **frais de port** quand l'envoi doit être expédié par la poste. Ajouter pour ces frais de port 0 fr. 25 au montant de toute commande inférieure à 2 fr. et 15 % du montant de la commande au-dessus de 2 fr.

Conditions spéciales offertes à nos abonnés. — Les abonnés du *Journal d'Agriculture pratique*, de la *Revue horticole*, ou de la *Gazette du Village* ont droit à une remise de 10 % sur tous les livres qu'ils prennent directement à Paris, à la Librairie agricole, — ou à l'envoi franco, si ces livres doivent être expédiés en province.

Les commandes de plus de 50 francs faites par ces mêmes abonnés sont expédiées *franco* et sous déduction d'une remise de *dix pour cent*.

Le catalogue de la *Librairie agricole de la Maison rustique* est expédié franco à toute personne qui en fait la demande.

On ne reçoit que les lettres affranchies.

TYPOGRAPHIE FIRMIN-DIDOT. — MESNIL (EURE).

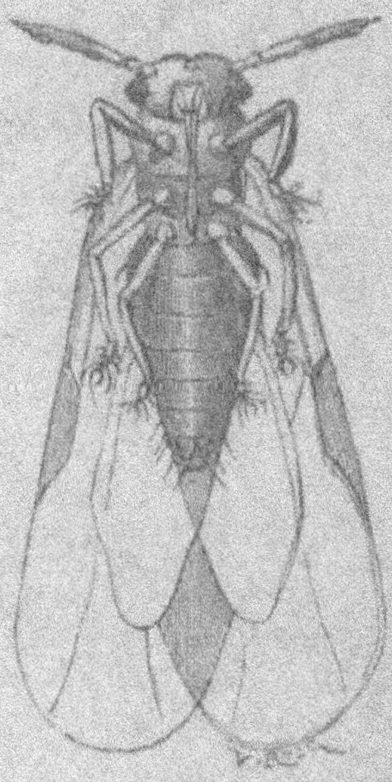

Paris. — Typographie Georges Chamerot, rue des Saints-Pères, 19.